U0262062

本书由云南师范大学中国西南对外开放与边疆安全研究中心开放基金和云南省哲学社会科学创新团队“云南跨省级合作发展研究创新团队”项目资助

# 云南生态文明建设研究

Yunnan Shengtai Wenming Jianshe Yanjiu

饶 卫 编著

中国社会科学出版社

**图书在版编目（CIP）数据**

云南生态文明建设研究/饶卫编著．—北京：中国社会科学出版社，2019.10

ISBN 978－7－5203－0210－4

Ⅰ．①云…　Ⅱ．①饶…　Ⅲ．①生态环境建设—研究—云南　Ⅳ．①X321.274

中国版本图书馆 CIP 数据核字（2017）第 071227 号

出 版 人　赵剑英
责任编辑　卢小生
责任校对　张依婧
责任印制　王　超

出　　版　中国社会科学出版社
社　　址　北京鼓楼西大街甲 158 号
邮　　编　100720
网　　址　http：//www.csspw.cn
发 行 部　010－84083685
门 市 部　010－84029450
经　　销　新华书店及其他书店

印　　刷　北京明恒达印务有限公司
装　　订　廊坊市广阳区广增装订厂
版　　次　2019 年 10 月第 1 版
印　　次　2019 年 10 月第 1 次印刷

开　　本　710×1000　1/16
印　　张　14.25
插　　页　2
字　　数　213 千字
定　　价　80.00 元

# 目 录

## 基 础 篇

## 总论篇

# 分 论 篇

## 案例篇

# 战 略 篇

# 基 础 篇

# 第一章　导论

## 第一节　问题的提出、研究背景及研究意义

### 一　问题的提出

生态文明建设，作为21世纪中国国家战略的一个有机组成部分，已融入经济建设、政治建设、文化建设和社会建设各个方面和全过程。我们认为，区域生态文明是国家生态文明体系的基础和支撑。云南作为西部地区的一个有机组成部分，不能游离于国家生态文明体系之外，必须服从国家的生态文明建设总体战略。而且，特殊的地质地理环境和生态功能，使云南在全国生态文明建设战略总体框架中具有举足轻重的地位。

#### （一）云南是诸多江河流域的中国西南生态安全屏障

云南位于中国地势第一阶梯和第二阶梯之间过渡以及第二阶梯，是珠江、金沙江、澜沧江、怒江等多条河流的发源地或流经地区，是多条流域上游生态屏障的主体。云南陆地生态系统被誉为“重要的生态屏障”。一方面，云南是生物多样性的宝库、未来气候变化的晴雨表、典型的生态与环境脆弱带、水资源保护的核心区和全球气候变化的敏感区；另一方面，也是诸多产业带发展的生态保障。

#### （二）云南是中国乃至全球生物多样性集聚区之一

生物多样性是地球的“免疫系统”，是地球生命的基础，人类赖以生存和发展的环境基础，同时也是可持续发展的支柱之一。云南森

林覆盖率达到51%，生物多样性能为人类提供了丰富的自然资源，满足人类社会对食品、药物、能源、工业原料、旅游、娱乐、科学研究、教育等的直接需求。同时作为环境好坏的指示灯，生物多样性越丰富，生态环境越稳定，受破坏的机会就越小。云南是中国生物多样性最丰富的地区之一，是国家重要的物种基因库，是全球25个生物多样性热点地区之一，是我国天然生物资源开发与保护、人工培育基地化与产业化的重要区域。通过生态文明建设，保护好流域内的生物资源和生物多样性，对全国乃至全球生物多样性具有十分重要的意义。

（三）云南荟萃了一些重要的风景名胜区和自然保护区

截至2015年年底，全国有国家级自然保护区428处，云南省有10处；全国有重点风景名胜区120处，云南省有12处。云南省拥有世界遗产地5处：世界文化遗产——丽江古城（1997）、红河哈尼梯田（2013）、世界自然遗产——“三江并流”（金沙江、澜沧江和怒江）（2003）、中国南方喀斯特（石林）（2007）和澄江帽天山化石群（2012）；至于风景名胜区，更是数不胜数，金殿、普者黑、大理、丽江、玉龙雪山等都蜚声海内外。

云南在全国具有十分显赫的生态地位，是名副其实的西部生态高地，担负着建设西部地区生态屏障的重任。云南的生态文明水平和环境质量如何，对全国生态文明和环境形势都有举足轻重的影响。但是，云南基础设施脆弱，灾害频发，经济基础薄弱，贫困与落后并存，发展经济和脱贫致富的压力都很大，云南自身面临的生态经济矛盾相较全国其他地区仍然很突出。在建设物质文明的同时，建设生态文明，既是云南未来发展的战略，更是当前必须解决的现实问题。

早在2010年2月，云南省委、省政府就确立了生态立省的战略，并于2010年制定和颁布了《云南生态省建设规划纲要》（以下简称《纲要》）。《纲要》明确提出，要推动云南生态文明发展。生态文明既是生态省的物质基础、制度基础、文化基础和精神基础，更是生态省的灵魂与精髓。但是，与物质文明和精神文明相比，生态文明是一个新兴的概念和崭新的事物，无论对理论工作者、实践部门，还是普通大众，生态文明组成要素有哪些，生态文明水平度量指标及其影响因素，生态文明建设的切入点、主要抓手是什么，云南生态文明建设有什么特点，在自然、经济和社会等多重约束下云南的生态文明建设如何推进等，所有这些问题都值得深入研究和探讨。

基于此，本书拟对云南生态文明建设进行综合性研究，以期对云南的现代化建设和可持续发展开展积极探索。

## 二 研究背景

### （一）政治背景

2002年，党的十六大报告把生态文明作为全面建设小康社会的目标之一，党的十七大报告更是把生态文明理念纳入党和政府的政治思想体系，作为一项政治任务，从中央到地方都制定了相应的生态规划。理论研究更是如火如荼。从对中国知网的检索来看，以“生态文明”为关键词的学术论文，2006年为398篇，2007年为818篇，2008年猛增至3202篇，2009年略有“降温”，为2594篇，2010年又上升为2726篇，2011年为2029篇，2012年为2459篇，2013年为6651篇，2014年为6650篇，2015年为6341篇，2016年为7711篇，2017年为10290篇，有关研究总体上呈升温趋势。诚然，作为国家生态体系的有机组成部分，云南的生态文明建设服务于全国生态文明建设战略的总体需要。虽然有人提出，生态文明建设是西方下的套，是以美国为主的西方发达国家打压、遏制中国和其他新兴经济体崛起的借口和手段（如限制碳排放），进而担心中国落入美国的“生态阴谋”或者“气候陷阱”。但是，进行生态文明建设本身并没有错，生态文明建设对世界上任何一个国家都是战略任务，根本无法回避和逾越，更何况中国这个资源“短板”、生态欠债、环境赤字、可持续发展能力较弱的发展中大国和云南这个地处生态高地的欠发达省份。因而“阴谋论”“圈套论”并不能成为中国、云南忽视和削弱生态文明建设的理由，或许我们还要“明知山有虎，偏向虎山行”。

### （二）体制背景

行政强势推动是“中国模式”的显著特点，政府及官员的政绩诉求（官员晋升）、地方政府的财政利益成为中国经济增长最重要的动力引擎。无论是经济发展、社会建设，还是生态保护，政府都是绝对的主导力量，政府可谓无所不能、无处不在。中国是一个典型的行政驱动型社会，因而生态文明建设的成败取决于政府及政府官员的积极性、建设能力和方法。而且，生态文明的公共产品特性、生态文明建设效益的外部性（外溢性）又使政府的责任和主导作用得以强化。众所周知，驱动政府和政府官员的指挥棒就是政绩考核体系，因而政绩考核体系成为生态文明战略能否实现、生态建设是否成功的关键。虽然我国的政绩考核体系中引入和加强了社会考核（如民生考核）、环境考核，但从中央到地方，经济目标依然优先，甚至绝对优先，"GDP 至上"色彩仍然比较浓厚。尤其是地方政府，在行政职能经济化，行政行为公司化、短期化的趋势下，其考虑问题的出发点可能不是社会效益，而是政府（甚至某些官员）自身经济效益。其热衷的是工程和项目，尤其是大型工程项目。在这种经济发展至上、经济效益优先的行政逻辑下，要把生态建设提到很重要的位置显然不现实。因此，本书研究所提出的生态文明建设战略与途径要适应现实体制，要逐步推进，切忌盲目冒进。

（三）国际背景

自 18 世纪工业革命以来，工业生产中产生的温室气体如二氧化碳等大量排放，由此导致全球气温升高而使人类生存面临严峻威胁。世界卫生组织的报告指出，2009 年，全球自然灾害共造成 8900 多人死亡，其中近 80% 与气候有关。① 为应对气候变化，2009 年 12 月，来自 193 个国家的代表在丹麦首都哥本哈根召开有 1.8 万人参加的《联合国气候变化框架公约》第 15 次缔约方会议暨《京都议定书》第 5 次缔约方会议，会议的中心议题是减少以二氧化碳为主的各种温室气体排放和发展低碳经济。发展低碳经济已成为当前的全球性共识。中国是发展低碳经济的积极响应者，在哥本哈根会议上，中国向全世界郑重宣布了 40% 的单位 GDP 减排目标，从"十一五"规划开

① 联合国：《2009 年大部分自然灾害与极端天气有关》，http://news.qq.com/a/20091215/001057.htm，2009-12-15/2011-05-31。

始，低碳经济发展已经成为中国可持续发展战略的重要组成部分。低碳经济实际上是一种生态可持续、环境友好型经济模式，因而发展低碳经济与建设生态文明异曲同工，而且生态文明还是低碳经济的物质基础、制度保障和环境支撑。

（四）西部大开发背景

20世纪末启动的西部大开发，使包括云南在内的西部地区生态环境质量明显改善，2010年7月5—6日，中共中央、国务院在北京召开西部大开发工作会议，吹响了第二轮西部大开发的号角。会上，胡锦涛指出，今后十年，深入实施西部大开发战略的总体目标是：西部地区生态环境保护上一个大台阶，生态环境恶化趋势得到遏制。可见，生态建设和环境保护依然是第二轮西部大开发的重点任务。云南作为西部的生态高地，依然是国家生态支持的重点，因此，云南的生态文明建设，既要服从国家西部大开发的整体战略，更要充分利用西部大开发的各种政策环境和支持条件。

（五）云南生态省建设战略

云南省地处中国西南边陲，是中国—东盟自由贸易区建设和大湄公河次区域合作的前沿，是国家物种资源宝库和生态屏障，在构筑面向东南亚和谐的国际合作环境与保障国家生态安全中具有重要的战略地位。2015年1月，习近平总书记考察云南时提出了云南“要努力争当全国生态文明建设‘排头兵’”的殷切希望，云南做出了加强生态文明建设的重大战略决策。在云南省及其各市州颁布的生态建设规划中都明确提出了生态文明建设目标，可以说，生态文明就是生态省建设的成果体现。本书从更广阔、更长远的视角研究云南的生态建设，并且着重从制度、机制等方面进行探讨。

（六）云南现实社会经济状况

无论是中国还是世界，发展经济始终是优先考虑的目标，只是相应的发展模式必须具备可持续性和环境友好性。经济发展、社会稳定是生态文明建设的物质基础和必要条件，云南的生态文明建设一定不能脱离云南的社会经济现实。截至2014年年底，云南有4713多万人口，其中贫困人口547万，贫困面大，贫困程度深，发展经济、脱贫致富的压力大。另外，云南拥有哈尼族、景颇族、彝族、藏族、傈僳族等26个少数民族，且云南重要的生态功能保护区域主要分布在少数民族地区。这使云南生态保护与经济发展的矛盾更加尖锐和复杂化。因而生态建设的目标不能过分拔高。鉴于云南显赫的生态地位，其生态文明建设可以适当超前，但不能过多牺牲总体经济利益，牺牲人民利益。

## 三 研究意义与创新

### （一）理论意义与创新

在研究视角上，本书立足于中国（云南）生态文明建设这个大社会背景，对生态文明建设理论和实践进行研究。

首先，对“生态”和“文明”做了既切合实际又通俗易懂的定义。笔者认为，“生态”是一种客观存在，本身没有什么好坏、优劣之别，即使最恶劣的环境也会形成某种特定的生态，这样，消除了理论研究和实践上的诸多认识误区；从多种视角，对生态文明概念进行解读，提出了“生态文明”的完整定义，从而为生态文明实践的衡量及生态文明建设的路径选择奠定了基础。

其次，将生态文明分为生态物质、生态技术与投入和生态精神三个方面。我们认为，生态产业的发展是生态文明建设的物质基础，生态环境意识是生态文明的核心，是建设生态文明的内在动力和逻辑起点，生态环境制度是生态文明建设的根本保障，生态技术与投入是生态文明建设的媒介、手段和助推剂（驱动力）。这是对生态文明理论研究的新贡献。

最后，在对生态文明系统进行逐层深入解剖的基础上，展现了生态文明的生成机理，从而把生态文明的理论研究往深处推进了一大步。既为生态文明建设的途径选择提供了理论支撑，对未来的相关研究也有借鉴意义。

### （二）实际意义与创新

对生态文明概念进行深入的剖析，对生态文明建设的内容和基础进行了概述；分析借鉴国内外生态文明建设的先进经验，对云南的生态文明建设实践有指导意义；客观地分析了云南生态文明建设的障碍与制约，为云南的生态文明建设展现了清晰的脉络；结合实际，提出了云南生态文明建设的方向与路径。

本书的一些观点、结论和对策建议有创新意义。建议中等职业院校、大专院校将《环境通论》《可持续发展理论》等课程增设为公共必修课；在各级党校和行政学院开设环保课程；在主要媒体开辟专栏，对不文明、不环保的行为进行公开曝光；发挥少数民族地区一些宗教习俗对江河源头生态保护，尤其是对生物多样性保护的积极作用；建立公众有奖举报环境违法行为的机制；政府拿出一定的财政收入创造环境领域的就业岗位；赋予小区家委会、居委会、物管公司环境监督职能，对不文明、不环保的行为进行罚款处置；加强环境领域的以工代赈；中央和地方按税收比例分担生态环境建设的投入责任，等等。

## 第二节　相关研究概况及主要内容

### 一　总体概况

在国外，无论是马克思主义经济学，还是当代西方经济学，都对生态文明给予较多的关注。马克思主义的自然观中蕴含着深刻而丰富的生态文明思想。1962 年，美国著名海洋生物学家莱切尔·卡逊在其具有里程碑意义的名著《寂静的春天》中提出了著名的人类社会处于交叉路口的名言。她所说的“灾难之路”就是工业文明所坚持的经济无限增长、最后引起生态危机的道路，而另一条路则是唯一可选择的保住地球环境的生态文明之路。20 世纪 90 年代以后，“生态文明”已经开始在西方国家的经济、技术和立法层面体现了出来。

进入 21 世纪，国内关于生态文明的研究逐步升温，尤其是 2007 年，后国内关于生态文明的研究达到了高潮，涌现出一大批系统性研究成果。其中概述性研究如《生态文明建设理论与实践》（廖福霖，2001）、《生态文明前沿报告》（薛晓源、李惠斌，2007）、《现代文明的生态转向》（杨通进、高予远，2007）、《生态马克思主义概论》

（刘仁胜，2007）、《生态文明论》（姬振海，2007）、《竭泽而渔不可行——为什么要建设生态文明》（郭强，2008）、《生态文明论》（陈学明，2009）、《生态文明论》（余谋昌，2010）；专题性研究如《生态文明与绿色发展》（褚大建，2008）、《生态文明与循环经济》（宋宗水，2009）、《人地关系与生态文明研究》（雍际春，2009）；实证性研究如《中国生态文明建设报告》（严耕，2010）；等等。

## 二 主要研究成果

### （一）关于生态文明研究在中国的起源和发展

生态文明概念最初由叶谦吉先生于1987年全国生态农业问题讨论会上提出（刘思华，2002），并在其所著的《生态农业——未来的农业》一书中详细阐述了生态文明建设问题（钟明春，2008）。党的十七大把生态文明的理论研究和实践推向了高潮，党的十八大进一步把生态文明上升到国家战略的高度。

### （二）对生态文明定义及特征的研究

不同的学科从自己的专业角度对生态文明进行了不同的解读，现有研究主要集中在生态学、文化和伦理学、哲学、地理学、经济学等领域。

（1）生态学领域。生态学研究生物与其生存环境之间的相互关系，即研究、认识生物与其生存环境所形成的结构以及这种结构所表现出的功能关系的规律。生态学意义上的"生态文明建设"不仅仅局限于维持人类和其生存的自然环境的发展，而是保持自然环境和人类社会共同协调发展。宋林飞（2007）指出，生态文明就是一种汲取大自然智慧的文明。[①] 张妮妮（2008）认为，生态文明指的是人类处理与大自然关系的指导思想发生了根本的变化。[②]

（2）文化和伦理学领域。从文化角度来看，建设生态文明意味着生态文化的普及。李良美（2005）认为，生态文明是人类文明发展史

---

① 宋林飞：《生态文明理论与实践》，《南京社会科学》2007年第12期。

② 张妮妮：《生态文明：文明的要素抑或文明的形态》，《北京教育》（高教版）2008年第3期。

上的一大飞跃。生态文化强调人与自然界是一个有机的整体，人类社会中的每个人都是自然界的一员，应发展、弘扬与自然和谐共处的思维方式、决策方式、生产方式和生活方式，是对以往文化形态的超越。[①] 李良美（2005）把生态文明列入社会结构的重要组成部分。

（3）哲学领域。高长江（2000）认为，生态文明指的是一种人与物的和生共荣、人与自然协调发展的文明。[②]

（4）地理学领域。任恢忠、刘月生（2004）认为，生态文明是某个特定地理区域内的文明，即人类在某一地理区域内建立起以物态平衡、生态平衡和心态平衡为基础的高度信息化的新的社会文明形态。[③]

（5）经济学领域。经济学研究稀缺资源在不同用途之间的配置问题。在农业文明和工业文明时期，经济学讨论的稀缺资源只包括资金、劳动力和土地；随着生态恶化、环境破坏，良好的生态环境显现出其稀缺性，因而自然地成为经济学研究的范畴。建设生态文明，就是在生产和消费中，考虑生态环境的经济价值，考虑经济活动的生态环境成本，实现个人和社会福利的最大化。在生态文明实践中，要倡导循环生产和绿色消费，实现资源的节约、有效、循环利用。

（6）生态文明特征的研究。廖才茂（2004）认为，生态文明具有整体性、多样性和创新性。[④] 黄国勤（2009）提出，生态文明具有阶段性、长期性、全面性、高效性、多样性、综合性、和谐性、持续性。[⑤] 周敬宣（2009）围绕支撑生态文明的价值指标体系、技术体系、产业体系、政府行为与法律制度、生产方式与生活方式等来揭示生态文明的基本特征。陈远、余杨、赵玥（2013）提出，生态文明具有审视的整体性、调控的综合性、物质的循环性、发展的知识性、成

---

① 李良美：《生态文明的科学内涵及其理论意义》，《毛泽东邓小平理论研究》2005 年第 2 期。

② 高长江：《生态文明——21 世纪文明发展观的新维度》，《长白学刊》2000 年第 1 期。

③ 任恢忠、刘月生：《生态文明论纲》，《河池师专学报》2004 年第 1 期。

④ 廖才茂：《生态文明的基本特征》，《当代财经》2004 年第 9 期。

⑤ 黄国勤：《生态文明建设的实践与探索》，中国环境科学出版社 2009 年版，第 5 页。

果分享的公正性和在诸文明中的基础性、先导性六个基本特征。[①] 秦书生（2015）提出，生态文明的主要特征包括思维方式的生态化、人与自然的和谐性、经济发展的可持续性和制度建设生态化四个方面。[②]

（三）对生态文明影响因素的研究

在相关的研究成果中，北京大学杨开忠（2009）的研究比较系统、全面。在《中国生态文明地区差异研究》报告中，其课题组研究认为，影响生态文明水平的因素包括六个方面：一是 GDP 总量及人口规模；二是人均 GDP 和劳动生产率；三是经济服务化水平；四是城市化水平；五是经济活动能耗，生态文明水平与万元 GDP 能耗，以及单位工业增加值能耗是呈显著负相关的；六是人均生态足迹。

（四）对生态文明制度建设的研究

杨奇乐（2015）从工具性价值角度提出了生态文明建设的价值包括核心价值——和谐、消费价值——绿色、伦理价值——平等、文化价值——创新。[③] 徐萍（2007）提出了“生态文明权”的概念，她认为，生态文明权是生态文明时代的基本人权之一，建议将生态文明权法律化；[④] 李鸣（2007）提出，建立环境管理的长效机制；[⑤] 常丽霞、叶进向（2007）提出，要明确政府环境管理职能的恰当定位；[⑥] 江兴（2008）提出，建立纵向和横向相结合的生态补偿机制；贾卫列、杨永刚、朱明双等（2013）从互联、智慧地球的诞生、云计算的出现、大数据的来临和大数据产业的崛起等角度提出了信息范式转变带来的

---

① 陈远、余杨、赵玥：《携手共建生态文明》，中国环境科学出版社 2013 年版，第 12—14 页。

② 秦书生：《社会主义生态文明建设研究》，东北大学出版社 2015 年版，第 14—15 页。

③ 杨奇乐：《当代中国生态文明建设中政府生态环境治理研究》，中国政法大学出版社 2015 年版，第 47 页。

④ 徐萍：《构建和谐社会生态文明权益制度建设》，《科技信息》2007 年第 9 期。

⑤ 李鸣：《生态文明背景下环境管理机制的定位与创新》，《特区经济》2007 年第 8 期。

⑥ 常丽霞、叶进向：《生态文明转型的政府环境管理职能刍议》，《“构建和谐社会与深化行政管理体制改革”研讨会暨中国行政管理学会 2007 年年会论文集》，2007 年。

生态文明制度建设的管理手段的创新；[①] 靳利华（2014）提出了“X＋资本主义”“X＋社会主义”和替代资本主义的社会主义三种生态文明建设的制度路径；[②] 郭兆晖（2014）提出，建立系统完善的生态文明制度体系，用制度保护生态环境。[③]

（五）对生态文明生产方式和生活方式的研究

包庆德、王金柱（2006）认为，建设生态文明必须促进人类生存方式、生活方式，特别是生产方式的生态化转换；[④] 廖福霖（2003）提出，用生态生产力来衡量社会生产力；[⑤] 樊小贤（2005）提出，建立环境友好型生活方式；[⑥] 俞建国、王小广（2008）提出，建立与资源供给及战略资源保障能力相协调的生活方式；[⑦] 纪玉山（2008）提出，建立积极、友好、公平的消费观；[⑧] 刘成玉、胡方燕（2009）提出了消费者的环境责任问题。[⑨]

（六）对生态文明水平评价指标与评价方法的研究

张琳（2000）认为，生态文明的主要标志，体现在三大“转变”上，即生产技术大转变、经济观念与行为大转变和自然观的大转变；[⑩] 任恢忠、刘月生（2004）从绿色食品、绿色环保、绿色能源、高科技含量和高科技的绿色含量以及社会信息化水平等方面提出了生态文明水平的评价指标体系；[⑪] 关琰珠、郑建华、庄世坚（2007）从资源节约、环境友好、生态安全和社会保障四个方面提出了生态文明水平评

---

① 贾卫列、杨永刚、朱明双等：《生态文明建设概论》，中央编译出版社2013年版。

② 靳利华：《生态文明视野下的制度路径研究》，社会科学文献出版社2014年版。

③ 郭兆晖：《生态文明体制改革初论》，新华出版社2014年版。

④ 包庆德、王金柱：《技术与能源生态文明及其实践构序》，《南京林业大学学报》（人文社会科学版）2006年第3期。

⑤ 廖福霖：《生态文明建设理论与实践》，中国林业出版社2003年版。

⑥ 樊小贤：《用生态文明引导生活方式的变革》，《理论导刊》2005年第9期。

⑦ 俞建国、王小广：《构建生态文明、社会和谐、永续发展的消费模式》，《宏观经济管理》2008年第2期。

⑧ 纪玉山：《正确认识凯恩斯消费理论　确立与生态文明相和谐的消费观》，《税务与经济》2008年第1期。

⑨ 刘成玉、胡方燕：《消费者责任研究成果评述》，《重庆社会科学》2009年第2期。

⑩ 张琳：《论生态文明观》，《烟台大学学报》（哲学社会科学版）2000年第4期。

⑪ 任恢忠、刘月生：《生态文明论纲》，《河池师专学报》2004年第1期。

价的32个指标，对厦门市进行了实证检验；[①] 蒋小平（2000）从自然生态环境、经济发展和社会进步三个方面提出了20个生态文明水平的评价指标体系，并对河南省生态文明水平进行了实证研究；[②] 冯雷（2007）认为，把道德伦理标准化后，可以纳入现在生态文明的评价体系；[③] 褚祝杰、陈伟（2008）从发展状态、发展动态和发展实力三个方面提出了25个指标，并用模糊综合评判法，对黑龙江省的生态文明水平进行了实证研究；[④] 宋马林等（2008）从社会发展效率、金融生态环境、科技教育水平等8个方面提出了28个评价指标；[⑤] 杜宇、刘俊昌（2009）从资源节约、环境友好，经济又好又快地发展，社会和谐有序，绿色政府制度及生态文化的发展与普及五个方面提出了32个评价指标；[⑥] 梁文森（2009）从大气环境质量、水环境质量、噪声环境质量等8个方面提出了36个评价指标；[⑦] 秦伟山等（2013）提出了生态文明城市建设的六维路线图，即生态文明城市建设的生态制度体系、生态文化体系、人居环境体系、环境支撑体系、资源保障体系和生态经济体系；[⑧] 易杏花等（2013）从适用性、主要内容、构建思路、研究特色等方面对现有代表性研究进行综合评价，提出了构建生态文明评价指标体系。[⑨]

值得一提的是，2009年以北京大学杨开忠为首席专家的国家社会

---

① 关琰珠、郑建华、庄世坚：《生态文明指标体系研究》，《中国发展》2007年第6期。

② 蒋小平：《河南省生态文明评价指标体系的构建研究》，博士学位论文，中国科学院上海冶金研究所，2000年。

③ 冯雷：《生态文明研究前沿报告》，华东师范大学出版社2007年版，第256页。

④ 褚祝杰、陈伟：《黑龙江省建设生态省的模糊综合评价》，《干旱区资源与环境》2008年第3期。

⑤ 宋马林、杨杰、赵淼：《社会主义生态文明建设评价指标体系：一个基于AHP的构建脚本》，《深圳职业技术学院学报》2008年第4期。

⑥ 杜宇、刘俊昌：《生态文明建设评价指标体系研究》，《科学管理研究》2009年第6期。

⑦ 梁文森：《生态文明指标体系问题》，《经济学家》2009年第3期。

⑧ 秦伟山、张义丰、袁境：《生态文明城市评级指标体系与水平测度》，《资源科学》2013年第8期。

⑨ 易杏花、成金华、陈军：《生态文明评级指标体系研究综述》，《统计与决策》2013年第18期。

科学基金课题“新区域协调发展与政策研究”所做的系统研究。该课题把生态文明水平定义为生态效率（Eco－efficiency，EEI）。该项研究对生态文明水平的评价进行了有益的尝试。

（七）关于生态文明建设问题与建设路径的研究

关于生态文明建设存在的问题。陈寿朋、杨立新（2006）认为，我国长期存在资源短缺压力，人口素质低，人口分布不均，环境保护意识薄弱，从而无法自觉约束自身活动，加剧对生态环境的破坏；[①] 姜小平（2006）认为，目前我国整体经济发展水平不高，落后的干部考核和任用机制以及生态法制建设、公民受教育程度的落后，重利忘义的传统思想，都成为推行生态文明的绊脚石；[②] 潘岳（2009）认为，中华文明的基本精神与生态文明的内在要求基本一致，因而中华文明精神是建设生态文明的文化基础。[③]

关于生态文明建设路径。一些学者从生态工业园区、生态城市、生态农村和生态省等不同领域，从生态消费、生态旅游、生态文化、生态道德和生态教育等不同角度，从循环经济、低碳经济、环境保护、可持续发展等不同层面研究了生态文明建设的途径。刘湘溶（1995）提出了生态意识的内涵与特征，生态意识包括忧患意识、科学意识、价值意识。薛晓源、李惠斌（2007）提出，要推动从传统产业向生态产业转化，发展循环经济，基于绿色 GDP 建立生态产业评价体系。[④]

在生态文明建设的制度保障方面，如加强生态治理（丁开杰，2007；周生贤，2008）；加大政策推动力度（任勇，2007；魏澄荣，2007；陈池波，2004）；构建生态文明的制度框架（赵兵，2010）；健全法制（郭强，2008；刘延春，2004）；树立生态文明观念（钱俊

---

① 陈寿朋、杨立新：《生态环境问题的道德因素及其调适方法》，《甘肃社会科学》2006 年第 3 期。

② 姜小平：《科学发展观的人文解读》，《山东省农业管理干部学院学报》2006 年第 4 期。

③ 潘岳：《中华传统与生态文明分析》，《光明日报》2009 年 1 月 4 日。

④ 薛晓源、李惠斌：《生态文明前沿研究报告》，华东师范大学出版社 2007 年版。

生，2007；郭强，2008）。

（八）云南省的相关研究

云南省内对生态环境相关的专门研究由来已久，而且成果颇丰。主要集中于政府的相关职能部门和技术性、工程性研究单位，如林业部门及其所属研究开发单位（林业科学院等）、水利部门、农业部门。主要的研究领域包括森林植被、水土保持、土壤改良、植物保护等。而从经济社会角度进行的研究还不多，主要包括《七彩云南生态文明建设规划纲要（2009—2020）》以及云南省环境研究院（2015）、云南省发展和改革委员会（2015）、周琼（2016）从明清时期、近代化、当代等方面对云南生态文明建设进行了回顾[①]等。总的来看，这些研究不够系统、深入，有必要进行更进一步的研究。

① 周琼：《云南生态文明建设的历史回顾与经验启示》，《昆明理工大学学报》（社会科学版）2016 年第 4 期。

# 第二章　生态文明及生态文明建设的内涵

## 第一节　生态文明的概念

“生态文明”这个词的含义在学术界目前没有统一、公认的定义。本书尝试从生态、文明、生态文明的视角进行分析。

### 一　对“生态”概念的理解

在中国文化传统中，“生态”一词是指美好事物。它包含三层含义：一是指显露美好的姿态。南朝梁简文帝《筝赋》：“丹荑成叶，翠阴如黛。佳人采掇，动容生态。”① 二是指生动的意态。唐代杜甫《晓发公安》：“隣鸡夜哭如昨日，无色生态能几时。”② 三是生物的生理特性和生活习性。秦牧《艺海拾贝·虾趣》中：“我曾经把一只虾养活一个月，观察过虾的生态。”③ 科学意义上的生态就是生物的生存状态及其相互之间与环境的关系。生物与环境的关系是一种客观存在，并不以人的意志为转移，因而“生态”本身不代表好坏和优劣，不能把“生态”与“优美”“和谐”“可持续”等同起来。在新闻作品、研究报告、学位论文中，常常可以发现类似错误的表述，比如，“居住环境生态化”“工业产品的生态化设计”等。在国务院新闻办公室《中国的环境保护（1996—2005）》白皮书中也出现过“促进产

---

① 王旭烽：《中国生态文明辞典》，中国社会科学出版社2013年版，第234页。

② 同上。

③ 同上。

品生态设计”的表述，其实，产品不管怎么设计都存在生态关系，生物与环境的关系即使再尖锐、环境质量再差也是一种生态，不存在要生态化的问题。热带雨林是另一种生态，沙漠戈壁也是一种生态，山清水秀是生态，寸草不生也是生态。准确的说法，应该是生态优美、生态和谐、生态平衡等。生态的好坏自有评价标准，并不仅仅取决于人的好恶感受和舒适度，完全凭人类的感受来定义生态环境的好坏，本身就是人类中心主义思想作祟，是西方工业文明的思想精髓，况且不同的人对环境的需求和适应能力不同，导致生态环境质量评价的高度主观性。不过，人类生产和活动的目的还是为了增进自身福利，发展的宗旨是以人为本，因此，我们对生态的研究主要强调人与环境，或者人与自然的关系，包括经济发展、居民消费及社会活动等与环境的相互关系。

## 二 对“文明”概念的理解

“文明”（civilization）一词源于拉丁文“civilis”（公民、公民的）。“civilis”一词有两种基本含义：一是指作为一定社会成员的公民（如罗马公民）所特有的；二是指对公民有益的。

在现代汉语中，“文明”既可以作名词和形容词之分，又可以从技术、思想、伦理道德、哲学等多种角度来定义。

从名词角度来理解，文明强调的是物质和精神成果的存量，是指一切有益于人类的发明创造的总和，即人类改造世界所创造的所有物质和精神成果，是人类良知和智慧的结晶。比如农业文明、政治文明、玛雅文明、仰韶文明等，与“文化”相近似，比如也可以说仰韶文化。因此，对人类后代有益的发明创造越多，这个民族就越文明。纵观人类社会发展的历史。始于18世纪英国工业革命的工业文明使人类征服自然的能力达到极致，伴随着工业文明的发展，人类的物质生活得到了极大的改善。与此同时，生态环境却遭受到越来越严重的破坏，地球正承受着工业过度发展带来的沉重压力，生态环境的重要性日益凸显，生态问题演变为当今世界人类社会发展的中心问题，人类已经进入生态文明时代。

从形容词角度来理解，文明有时是强调思想方式和行为模式，是指人类思想开放和创新、进取的程度，因而“文明”往往与“开化”相联系，与“野蛮”相对应，指人类的进步状态。比如，我们说某某民族文明程度很高，某某人行为举止很“文明”，文明社会、文明社区等。也可以这样来理解：文明是符合社会要求，或者符合主流意识和审美观、道德观的思想和行为，在这里，“文明”代表的是一种社会秩序。

### 三　对“生态文明”概念的理解

基于上述对“生态”和“文明”的定义，生态文明就是处理人与自然关系方面的进步状态，这种进步状态体现在两个方面：一是为处理与自然的关系所付出的全部努力；二是在处理人与自然关系方面积累的全部物质和精神成果。生态文明的基本含义是生态意识文明、生态制度文明、生态行为文明。① 可见，生态文明是物质与精神的统一，是过程与结果的统一。

## 第二节　生态文明的构成要素

从生态文明的定义可知，生态文明内涵非常丰富，范畴非常广泛，但概括而言，生态文明主要包括生态物质、生态科技与投入和生态精神三个部分。

### 一　生态物质

生态物质是生态文明建设的最终结果。无论是资源的永续利用，还是环境的优美和舒适度，人类对生态文明的主要追求和期盼还是物质产品，制度、技术和精神产品的主要用途还是生态物质产品的生产与供给。理论界从物质形态角度研究生态文明的成果比较多，这方面的研究也相对成熟。因此，生态文明的物质形态不是本书的研究重点。而且，

---

① 生态意识文明是指在生态文明的社会形态下，社会普遍具有进步的生态意识、进步的生态心理、进步的生态道德；生态制度文明是指生态文明的社会需要相应的制度来保障，包括生态文明社会所要求的制度、法律和规范；生态文明行为是指在一定的生态文明观和生态文明意识指导下，各个利益相关者在生产生活实践中推动生态文明进步发展的活动。

仅从物质形态角度很难全面刻画和准确理解生态文明，不仅在理论上站不住脚，在实践中也会遇到困惑。因为生态即生物与环境的关系，而生物与环境的关系可以有多种类型和状态，只要能和谐共生、相安无事也许就是一个好的生态系统，正如前面的分析，生态本身无好坏之分。

## 二 生态科技与投入

生态科技实际上包含生态科学研究和生态技术推广。科技和投入并不能割裂，科技本身也是一种投入要素，投入物是科技的载体，而任何投入都具有一定的科技含量。

### （一）科技是人类调控生态环境的主要手段

生态科技是指调控人与自然关系的理论、方法、技巧和能力。比如，农业保护性耕作技术、水土保持技术等能够有效地减轻农业开发对土壤生态系统的破坏；循环经济技术、清洁能源技术等能够有效地协调经济发展与资源保障、生态平衡与环境保护之间的矛盾。

在人与环境的关系上，一直存在悲观论、乐观论和折中论三种观点。其中，乐观论认为，依靠技术进步可以解决生态环境问题，从而协调人类与环境的关系，如美国未来学家朱利安·西蒙（Julian L. Simon）在《最后的资源》（1981）中认为，科技进步可以实现资源的永续利用，生态环境将日趋好转，粮食供应不成问题，人口也将达到平衡。美国未来学家赫尔曼·格兰德（Hermann Gerland）的《世界经济的发展（1978—2000）》《即将到来的繁荣》，美国物理学家甘哈曼（Gan Hamann）的《第四次浪潮》等生态学名著都对技术进步寄予很高的期望。

我们认为，虽然科技不是万能的，秸秆发电、炼油、粉碎还田及青贮氨化技术有望解决农作物秸秆因废弃而对农田的污染、因焚烧造成的空气污染和航空安全隐患等问题，还可以较大程度地提高资源利用率。总之，科技的潜力是无穷的，由人类自身造成的问题也将由人类来解决。生态科技是生态文明建设的媒介、手段和助推剂。

### （二）生态投入包括活劳动投入和物质技术投入

一个稳定的生态系统本身就是一个耗散结构和开放系统，无时无刻地和环境进行着物质、信息和能量交换，生态系统也遵循投入产出的一般规律。投入和产出必须保持平衡，包括时空平衡和动态平衡，在一定时期内，对某个生态系统索取了多少，就应该投入多少，以保持生态系统物质和能量的平衡。忽视投入、过分索取就会造成生态系统亏损，导致生态失衡。

但生态系统投入产出往往出现时空错位：在时间上，生态系统的投入往往不能马上见效，即使是损害和破坏，其生态环境问题一般也不会立马显现，“前人栽树后人乘凉”，一些生态的投入或者破坏所产生的结果甚至在几代人之后才显现。这就与人类天生的短视行为相矛盾，给人类造成错觉，以为自己的经济行为不会和没有造成环境问题，所以，生态系统的投入和保护都必须未雨绸缪。按照戈森的“等于”定律，当代人从生态系统索取了多少能量，就应该通过投入再生产和储备多少能量，这既是生态系统保持动态平衡的需要，也是代际公平和可持续发展的体现。在空间上表现为生态系统产生效益的外溢性，投入的是此地，但产出和受益或者受害的可能是彼地，这就是所谓的外部性，包括正外部性和负外部性。外部性导致市场失灵，从而政府顺势介入，而政府的调控又面临政府失灵问题，“双重失灵”是导致生态环境问题的根源，也严重抑制了生态系统的社会投入积极性。这样，政府就理所当然地成为生态文明建设的投入主体。

## 三 生态精神

生态文明的精神形态包括生态环境意识和生态环境制度两个方面。

### （一）生态环境意识

刘湘溶（1994）在国内学术界首次提出了“生态意识”的内涵与特征。他认为，生态环境意识是一种忧患意识、生态科学意识和价值意识的综合体。①

生态环境意识包括四个方面的内涵：一是系统意识，把人与自然看成一个有机的整体，把人看成生态系统的一个要素；二是环保意识，人类的生产生活行为都应该以环境友好的方式进行；三是资源意

---

① 刘湘溶：《生态意识论》，四川教育出版社1994年版。

识，包括资源危机意识、资源节约意识、资源综合利用意识及资源保护意识；四是可持续发展意识，包括经济可持续和自然可持续。

生态环境的形成大致经过了三个阶段：在古代，人类畏惧自然，人是自然的奴仆；在近代，尤其是18世纪的工业革命，人类改造自然、征服自然取得了巨大突破，于是人类开始藐视自然，产生了主宰自然的人类中心论的发展观；到了现代，经过20世纪五六十年代后生态危机的打击，人类的生态意识日渐成熟，人类终于回归为自然的一员。

在生态环境意识的主动形成机制方面，有三个因素起着至关重要的作用：一是生态环境教育，既包括学校教育，也包括家庭教育和社会教育；而且应该贯穿启蒙教育、基础教育、高等教育和后续教育的全过程，以及国民教育、党校教育、成人教育和各种职业培训等各个方面。加强生态文明教育是实现可持续发展的思想基础和道德基础，可以为可持续发展提供技术支持，有助于扭转地方政府以牺牲生态为代价片面追求经济增长的局面，还将有利于形成社会监督机制。从某种意义上说，教育是生态文明建设的根本。二是生态环境宣传，包括传统的平面媒体和现代网络媒体。宣传的耳濡目染功能，对生态环境意识的培养和强化具有重要意义。三是生态文化。生态文化建设是建设生态文明的精神力量源泉。既包括潜意识的宗教与习俗等，也包括生态文化产品，如有关生态环境的书籍、专业报纸、杂志等出版物，有关的电影和宣传片，主题公园，文化遗产等有形生态文明成果。生态文化产品是生态文明的重要载体，是生态文明建设的重要助推剂。

（二）生态环境制度

从理论上讲，一个社会的环保意识更需要制度的引导，外部的约束变成了内部的自觉，长期的制度形成了文化，良好的文化氛围又提高了制度效率。生态环境制度是生态文明建设的手段和途径，环境制度和环保意识是内因和外因的关系，外部的压力转化为内部的动力，动力和压力共同作用，推动生态文明建设。

我国的生态环境制度种类繁多、层次复杂。按政策的运用领域可分为三类，即资源开发与利用类政策（如《中华人民共和国森林法》）、生态建设与保护类政策（如《中华人民共和国野生动物保护法》）及污染控制与治理类政策（如《中华人民共和国水污染防治法》）；按政策制定的主体可分为五类，即有关的国际法律和政策文件、党的方针政策、全国人大制定的全国性法律、国务院及其所属部委制定和颁布的行政法规及地方人大、地方政府制定和颁布的法律、法规、实施细则、管理办法等；按政策的执行部门可分为三类，即由各级环保部门执行的政策、由各级产业部门执行的政策和由各级综合管理部门执行的政策。

## 第三节　生态文明的影响因素

### 一　自然条件对生态文明的影响

自然条件，如地形、地势及资源禀赋等将对生态环境质量产生影响。由于物种多样性及物种结构影响生态系统的稳定性，因而一些物种单一地区成为生态脆弱地区，如沙漠、戈壁等，而物种丰富的热带雨林生态系统更具有稳定性。同时，生态优越地区和生态脆弱地区居民的生态环保意识可能不一样，一些自然条件优越的地区“吃老本”的意识可能比较强，生态保护的压力可能相对较弱。

### 二　文化及传统对生态文明的影响

#### （一）总体分析

从西方环境思潮的演变过程来看，环境问题最初被当成技术问题，后来发展成为经济问题，再后来又成为社会问题和政治问题，如今相当一批政治家已清醒地认识到环境问题最终是一个文化伦理问题。2008 年，美国政治家戈尔获得诺贝尔和平奖时说：“环境不是政治问题，而是一个道德问题。”[①]

生态与文化相互影响。首先，生态形成文化，相似的生态形成相

---

① 潘岳：《中华传统与生态文明》，《光明日报》2009 年 1 月 14 日。

似的文化类型，生态环境是因，文化类型是果。[①] 生态条件影响物质文化、精神文化和民族性格。如南方山清水秀、气候温和、自然环境优美，这里的人民性格相对内向、温和，遇事慎重，不易冲动，感情细腻，做事认真。而北方草原和平原多，气候变化大，自然条件相对恶劣，民族性格截然相反，因而北方多冲突和战事，南方的经济开发更早。从近处看，比如成都和重庆以前同属于一个行政区即四川省，但民众性格迥异，位于天府之国腹地的成都，地势平坦、气候温和、灌溉便利、物产丰富，自然给予了成都人太多的厚爱，养成了成都人“慢条斯理”的性格特质，也使成都成为全国有名的休闲之都，而比邻的重庆山高坡陡、行路艰难、气候炎热，成为长江沿线的“三大火炉”之一，进而养成了重庆人“火爆”和“骁勇”的性格特征，也使重庆成为快节奏的工业城市。

但文化同样影响生态，尤其是宗教信仰和思想观念。例如，东巴教的森林崇拜，佛教的不杀生、不伤害动植物生命的原则都有利于生物多样性保护。而“吃什么补什么”的消费观、以野生动植物为原料的中医文化，以及崇尚野味和动物饰品的消费时尚等，都将对生态环境产生一定的影响。

国际环境学界按文化特征，将环境保护分为三种类型，即欧美的自然保护型、日本的反公害型和中国的自我保护型。在中国，素有“各人自扫门前雪，莫管他人瓦上霜”之传统，认为看得见的才是环境，自己身边的环境才需要保护，因此，你进到居民家中看见的可能是金碧辉煌、一尘不染，而门外可能垃圾满地、臭气熏天，你可以看见有些人把垃圾扔到楼下，可以发现很多拖把挂在树上，在公交车上司机或者售票员会叫你把垃圾扔出窗外，体现出中国人强烈的以自我为中心的环境保护观念和文化特质。

不可否认的是，中华传统文化中确实存在许多与现代生态文明相契合的因素，比如他们喜欢踏踏实实挣钱、量入为出地花钱、节衣缩

---

① 何星亮：《中国少数民族传统文化与生态保护》，《云南民族大学学报》（哲学社会科学版）2004 年第 1 期。

食地为子孙攒钱，等等，都符合资源节约和可持续发展要求。而美国式消费主义生活方式不仅会加速自然资源耗竭和环境破坏，还有可能引发经济危机，2008 年国际经济危机与美国的过度消费、中国的过度出口有直接关系。

（二）中华文化中与现代生态文明不和谐的成分

一个优秀的民族不应该陶醉于过去而故步自封，应该更多地认识到自身的不足，应该更多地反思中华文化体系中不利于生态文明建设的成分。

1. 传统的生育文化对生态文明的影响

中国古代文明属于典型的农耕文明，由于农业劳动的特点及当时的生产力水平，必须有足够的男性劳动力，才能维持生产和生活的连续性，同时，因为医疗水平、战乱和自然灾害等原因，古代人口的非正常死亡现象严重，人均寿命普遍较短，在这样的背景下，人类只有提高生育率，才能维系人口平衡，这就形成了“多子多福”“重男轻女”“传宗接代”“养儿防老”的生育观。中国有句谚语，叫“早栽秧、早打谷，早生儿、早享福”，在 20 世纪六七十年代的云南家庭，生育十来个小孩非常正常。但是，人口的过快增长，加重了资源和环境压力。无论是从理论分析，还是实践表现来看，多子带来的往往不是多福，而是“多负”。从经济学和社会的角度讲，生育问题绝不仅仅是个人私事，而是一种社会行为，更大的人口规模，意味着需要更多的资源和生产、生活场所，也意味着更多的社会问题和生态环境问题的出现。

2. 传统的农耕文化和农业生产模式对生态文明的影响

中国的传统农业是依靠大量劳力投入的“刀耕火种”方式，并主要以粮食作物为主，从总体上看，它是符合现代生态文明要求的。中华农耕文明积淀了许多经典的生态农业模式，如桑基鱼塘、沼气循环系统等。在云南，除小部分的坝子外，其余都是大于 25°以上的坡耕地，刀耕火种是其必然的农业生产方式。然而，这样的生产方式渐渐地不能满足不断增长的人口需求，于是林地变耕地和不适宜地推广经济作物的情况时有发生，进而加剧了水土流失和农村生态环境的破坏。

而且传统的“靠山吃山、靠水吃水”的开发模式对周围生态环境也产生了潜在危害。中华大地曾经林木茂盛，在4000年前的远古时代，森林覆盖率一度高达60%以上。但长期形成的“靠山吃山、靠水吃水”的传统，导致森林大量砍伐，到了战国末期，森林覆盖率已降为46%，唐代为33%，明代之初为26%，到鸦片战争时期，降为17%，新中国成立前夕更低至12.5%。①

小农意识和小农经济对生态文明建设也将产生影响。小农往往急功近利，目光短浅，今朝有酒今朝醉，很难产生可持续意识。总是先下手为强，先富起来再说，自私心过重，捞一把算一把，缺乏公众利益观念。再加上农民文化水平较低，不仅不知道生态文明为何物，不要说农民，就是多数的城市居民，也是只关心身边的环境，关心自身的小环境，而不关心外部环境，随地吐痰、随地扔垃圾、随处抽烟已经成为中国居民的日常生活行为，对于生态破坏、环境污染的公众事件，只要不影响自己，往往漠不关心。

3. 传统的财富观、价值观对生态环境保护的影响

过分看重物质财富和经济价值，忽视自然财富和社会资本。在一些地方积攒财富到了痴狂的地步，不惜代价和手段。在西方国家，有富人可以捐出自己财产的一半甚至全部，如巴菲特和比尔·盖茨，而中国的富人基本上不做善事，而是把巨额家产留给子女。在国民账户中缺乏资源和环境统计，单纯以GDP衡量国民财富，当中国的GDP超过日本成为二号经济大国时，人们沾沾自喜，忘了自己所处的生态环境，忘了可持续性隐患；总想把自然资本和财富转化为物质财富和经济产品，无不反映中国人资源和财富观念的扭曲。

4. 传统的消费观与饮食文化对生态环境的影响

崇尚自然的生活方式在中国由来已久，但是，近年来，崇尚原生态、回归自然的消费观念和旅游观念却有过犹不及的嫌疑。如牛角梳、毛质围巾衣物、象牙质饰品等民族饰品文化和大量原生木浆纸等纯天然消费的推崇，使相关的动物和植物受到影响，并间接地影响着

---

① 樊宝敏、董源：《中国历代森林覆盖率的探讨》，《北京林业大学学报》2001年第4期。

有关生态系统和植被。

在饮食传统上，一是吃什么补什么的落后的、愚昧的消费理念。二是喜吃野味、品鲜。中国自宋代以后，常有地方官张贴通告，禁止食青蛙，可是始终禁而不止。国民，尤其是东南沿海一带的居民对穿山甲和发菜等野味的追捧，造成国家保护动物——穿山甲数量的减少和发菜产地土地的沙化。三是合餐制的卫生隐患。四是大吃大喝、铺张浪费，讲排场、要面子的消费观念，宴请客人总要备一大桌，贫困地区，接待扶贫人士，也可能是满桌的山珍海味，在很多时候是整盘的菜肴丝毫未动而被全部倒掉。百姓普遍讲究“有鱼（余）有肾（剩）”，虽然是长期贫穷后的一种期望或者补偿，但并不符合节俭传统；即使是一些菜品的称谓也不符合生态文明精神。

在上海，无论是学校食堂就餐，还是餐馆点菜，师傅和服务员都会提醒你吃多少点多少。有一次，我们在复旦大学食堂点 6 元早餐，可师傅说 5 元就够了，上海人的精明、精细给我们留下了深刻的印象。在北京的餐馆，长期都有打包的习惯。就是中国最发达的地方，人们也崇尚节俭，可云南作为欠发达地区，在很多方面还是“打肿脸来充胖子”，在云南的一些中小城市，尤其是农村，宴请客人时餐桌上一定要有剩，刚好吃完会让人认为小气，而打包更觉得没面子。或许越是贫穷，越显得慷慨，看来还是因为长期贫穷、经济实力不足没底气，需要倾其所有慷慨一次，以求得心理平衡。这样的心理和文化或许可以理解，但并不符合资源节约和生态文明精神。

5. 中医药文化的生态影响

中医药算得上中华文化的精华，中医的治疗以煎熬草药为主，但很多中草药都已经是稀有，或者是濒临灭绝的物种，人工种植又没有进入商业化阶段，因此，中草药的发展就意味着大量的珍稀植物被采掘，使有些物种可能因此濒临灭绝。如藏药，以珍稀动物（如虎骨等）为主入药，可这些都应是受保护动物，原料来源本就十分稀缺。至少从目前来看，中医药的发展与生态文明的建设和生态保护有冲突。

总的来说，中华五千年的文化中环境保护的成分还不足以支撑现代生态文明建设，中华文化需要与时俱进，需要进行现代化改造。

## 三 经济增长方式对生态文明的影响

经济增长着重强调经济总量的扩张、经济规模的扩大。按照马克思的观点，经济增长方式可以归结为内涵扩大再生产和外延扩大再生产两种方式。当前，经济学界结合发达国家和发展中国家的实践，将经济增长方式大体分为两种类型：一是通过增加生产要素占用和消耗来实现经济增长的粗放型经济增长方式；二是通过提高生产要素质量、优化生产要素配置和提高利用效率来实现经济增长的集约型经济增长方式。

### （一）两种经济增长模式的投入产出观

依据经济增长的目标和实现方式，经济增长方式表现为粗放型增长和集约型增长。在经济增长的目标方面，粗放型增长主要追求规模、增长速度等数量指标或者外在形式，对GDP及其增长速度的追求达到近乎痴狂的地步；而集约型增长也追求规模和增长速度，但更看重质量、效益、公平性、可持续性等增长质量；两种类型的经济增长具有不同的实现方式，粗放型增长依靠资源和要素的大量投入和消耗，以牺牲环境、劳工利益和社会公平为代价，不惜一切手段，把GDP和增长速度搞上去，比如全国范围的大拆大建，强拆居民的房屋、强征农民的土地，无以复加的重复建设，天量的固定资产投资，辉煌无比的形象工程，等等。而集约型增长强调资金和技术的密集投入，讲究的是经济高效、环境友好、社会公平和可持续性增长。

### （二）两种增长方式对生态环境和生态文明建设的影响

（1）不同的增长方式具有不同的资源和要素利用方式及利用原则，而资源利用方式和利用原则是生态文明的重要内容。粗放型增长的投入方式是大量投入、低效利用、浪费惊人、加速资源耗竭，这种增长理念与生态文明是背道而驰的。

（2）不同的增长方式决定了不同的增长路径。在追求GDP及其增长速度的体制下，依靠投资，尤其是政府投资拉动经济最为简单、最容易实现，其次是“双压”模式的出口拉动，即对内压资源能源价格、资金价格（利率）、劳工工资和福利以求低成本，对外压低自己产品的价格和利润空间，通过低价占领国际市场。微利型的“代工经济”要存在和发展只有靠规模，靠牺牲国内的环境利益、劳工利益、农民的土地利益和社会公平维系高速的增长，这种模式既违背社会公平正义原则，又不符合生态文明要求。这样的体制使消费拉动成为备选。消费分为政府消费和民间消费，在政府驱动型经济体制下，政府本能地优先选择政府消费，如基础设施建设，而出于社会保障体系残缺及消费观念等因素的制约，民间消费未必能启动，最后还是靠政府消费来拉动经济发展，因而固定资产投资、房地产受到政府追捧，经济过热和通货膨胀不可避免。而经济过热往往意味着环境负荷加重。此外，粗放型增长方式产生的利益格局，或者说路径依赖的存在，给生态文明建设带来了不小的阻力。

（3）不同的增长方式具有不同的环境态度。粗放型增长需要宽松的环境政策加以支撑，经济主体往往不会顾及环境。首先，在产业选择和产业结构安排上，首选的是 GDP 和税收贡献大的产业，而污染状况可能并不在乎，甚至有些内陆省份专门到沿海环保部门“淘”污染企业。其次，很多企业没有环保设施，或者有设施不投入使用，污染物直接排入环境。最后，环保部门为了配合大局，或者由于政府的压力而对污染“睁一只眼，闭一只眼”，或者只罚点款，或者只口头“谴责”以表姿态。2009 年，英国石油公司（BP）在墨西哥湾的漏油事件被美国政府要求赔偿 200 亿美元，而发生在 2005 年的中石油松花江污染事件迄今未进行赔偿；2010 年 7 月 3 日，紫金矿业污染泄漏事件发生后，企业和政府都百般掩饰和呵护，而对环境赔偿只字不提；中石油大连石化分公司“7・16”火灾事故同样给环境造成了难以估量的损失，而中石油的态度与 2005 年一样，不仅只字不提环境赔偿，还找了一个并不存在的公司来顶替。[①] 更离奇的是，2010 年 8 月 9 日中石油居然还召开“7・16”事故抢险救援表彰会。[②] 这样的

---

① 王令：《紫金矿业与中石油缘何不提赔偿》，《中国青年报》2010 年 8 月 4 日第 2 版。

② 余人月：《中石油的责任事故人正在接受表彰》，《中国青年报》2010 年 8 月 10 日第 2 版。

状况，让百姓感到无奈。

（4）不同的增长模式决定不同的产业结构，进而对生态文明产生影响。粗放型增长往往重视资源型产业和重工业，对服务业重视不够，而不同产业，或者说不同行业具有不同的环境特性，其对资源的需求、排污情况是不同的。就一个地区而言，产业发展目标，三次产业结构的侧重，三次产业内部结构的侧重，或者具体污染行业与非污染行业的安排，对当地的生态文明建设有着重要的影响。

## 四 经济发展水平对生态文明的影响

### （一）人类对物质产品和精神产品的需求处于不同的需求层次

马斯洛需求层次理论认为，生理需求是最基本的需求，只有生理需求基本满足之后，才能产生其他需求，而经济发展是满足生理需求的基本途径，也只有基本温饱解决之后，才谈得上社会事业的发展。因而经济社会发展水平决定生态文明水平。

### （二）经济产品的效用与生态产品的效用并不同步

效用就是人们对产品和服务消费的感觉及满足程度。正因为人类的需求具有鲜明的层次性，因而总希望先满足物质产品或者经济产品的需要，这样，在人类社会发展初期，经济产品在人们心目中就更显重要，即效用更大。同样的道理，低收入阶层尤其是贫困人口更在乎经济发展、收入增加和生活水平提高，对于一个穷困潦倒的人，送他一袋面粉也许比送他一束鲜花更为实惠、更受欢迎。对无房可住的人来说，首先想到的是面积，其次才是环境。人类对经济产品的消费符合边际效用递减规律，当经济产品的消费达到一定水平后，其消费的边际效用就会降低甚至为负，就会萌发和强化对生态产品的需求，因此，发达国家和地区开始重视生态环境，换住房的时候更加关心绿化、污染等生态环境质量。当经济效用曲线与生态效用曲线相交时，即经济效用与生态效用相等时生态经济效用最佳，这是人类经济活动要追求的最理想状态。

### （三）经济社会发展水平与生态文明建设的关系符合环境库兹涅茨曲线①

在需求层次规律支配下，人们在不同的经济发展阶段对经济产品和生态产品的重视程度不一样，1955 年美国经济学家西蒙·库兹涅茨（Simon Kuznets）将这一规律加以总结概括，形成了著名的"库兹涅茨模型"（见图 2－1），这是分析生态环境保护与经济发展关系的经典理论和方法。按该模型，在经济发展初期，生产力水平较低，人们的温饱问题还没有解决，或许根本就谈不上对生态环境的需求。另外，此时的经济发展对资源、原材料等生产要素的需求量有限，产量不高，向环境排放的污染物也有限，因此，整个社会的环境污染问题并不突出，环境与经济在低水平上处于协调状态。在 20 世纪 80 年代以前，云南怒江流域大致处于这个阶段（如图 2－1 中 B 点的左边）；当经济进入快速增长期后，生产力水平、经济产品产量迅速增长，人们的温饱问题已经解决，并开始向小康过渡，人们对生态环境质量的需求迅速增长，此时污染物的边际排放量和排放总量也随之快速增长，因此，在这个时期，人们感觉得到经济在迅速发展，生活水平在迅速提高，但环境污染却越来越严重，环境与经济的矛盾日益尖锐，在 20 世纪八九十年代，云南基本上处于这个阶段（如图 2－1 中的 BC 段）；当这种粗放型经济增长达到一定程度，人们的物质财富进一步增长，对生态环境的需求更加强烈，而现实的生态环境质量却越来越让人感到失望，生态恶化、资源破坏、环境污染和能源短缺等情况

---

① 库兹涅茨曲线（Environmental Kuznets Curve，EKC）是经济学家库兹涅茨用来分析人均收入水平与分配公平程度之间关系的一种学说，他的研究表明，收入不均现象随经济增长先升后降，呈现倒"U"形曲线关系。1991 年，美国经济学家格鲁斯曼（Grossman）和克鲁格曼（Krugman）通过对 142 个国家横截面数据的分析，发现环境污染与经济增长的关系曲线也呈倒"U"形，"污染在低收入水平随人均 GDP 增加而上升，高收入水平随 GDP 增长而下降"。1993 年，Pnayoutou 首次将环境质量与人均收入间的倒"U"形关系称为"环境库兹涅茨曲线"。环境库兹涅茨曲线通过人均收入与环境污染指标之间的演变模拟，说明经济发展对环境污染程度的影响，即在经济发展中，环境状况首先是恶化，而后会得到逐步改善。这种关系的理论解释主要围绕三个方面展开：经济规模效应与结构效应、环境服务的需求与收入的关系以及政府对环境污染的政策与规制。这个曲线在许多国家得到了验证，具有普遍性，但在不同的国家和地区会呈现出特殊性。

越来越让人难以忍受。此时，上至党的总书记、国务院总理，下到普通百姓，整个社会都意识到我们的经济增长方式必须转变，再也不能以破坏环境为代价追求经济增长了。因此，此时的污染水平（程度）出现了拐点（如图2－1 中的C点），即污染水平达到顶峰后开始下降（如图2－1中 C 点右边的曲线），一个好的兆头开始出现。此后，国民经济以内涵式、环境友好式的方式增长，虽然 GDP 的增速有可能降低，但国民经济的增长和人民的生活更有质量，这种增长更有可持续性，环境与经济的关系在较高水平上处于协调的状态。在云南，以至于整个中国未来不远的阶段将接近 C 点的发展阶段和污染水平，因此，现在到了觉醒和采取行动的时候了。

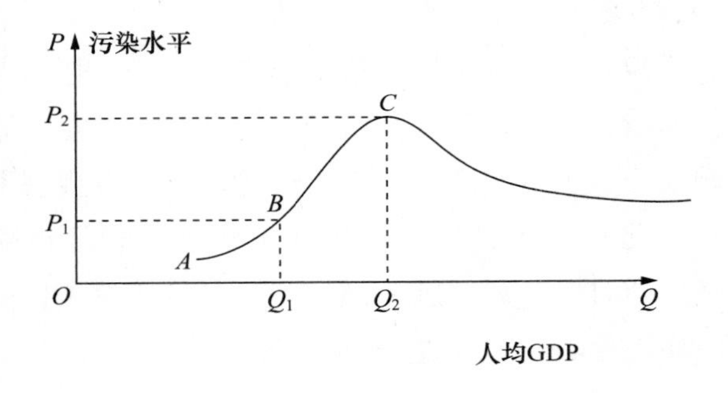


**图 2－1　环境与经济关系的库兹涅茨模型**

需要注意的是，环境库兹涅茨曲线可能产生误导作用，似乎人类的发展必须经过先污染、后治理的过程，在经济发展没有达到一定水平之前，污染是必经的一个阶段，政府治理与否都于事无补。这种理解并不准确，它不利于生态文明的建设。我们认为，建设生态文明，应该是在考虑发展总效益的前提下，降低环境库兹涅茨曲线的弧度，或者说，在倒“U”形曲线上找到一条水平的通道。

经济发展水平决定了资源开发利用的方式，决定了居民的消费模式，决定了污染物的处理方式与处理程度，决定了对生态环境投资的强度与投资方式，决定了生态环境的基础设施建设，决定了生态环境教育。

这样看来，经济社会发展水平成为生态文明建设的根本制约，因而云南怒江流域的生态文明建设战略不能脱离本省的经济社会发展实际，发展经济还是优先目标，只是应该以环境友好、生态可持续的方式进行经济开发。

## 五　制度对生态文明的影响

生态文明需要人来建设，包括主动的建设和被动的建设。主动的建设主要依靠教育、文化、宗教和宣传等手段，而被动的建设主要靠制度的约束和激励。当然，制度与文化相辅相成，长期的制度形成文化，制度的制定过程中必须考虑文化，文化构成了制度的实施环境。影响生态文明建设的制度主要有以下四个方面。

### （一）政治制度

绝大多数人忽略或者有意回避了政治制度对生态文明的影响，其实这才是实在性、本源性影响。主要表现在以下五个方面。

#### 1. 执政理念

如果以人为本，那么执政党和政府就会重视生态保护与环境建设，尤其是人居环境建设。如果以 GDP 为本，就会不顾一切发展经济，容许甚至引进高污染、高能耗但高税收贡献的产业，就会置百姓的环境利益于不顾。

#### 2. 授权机制

按照政治学的“权利为授权者服务”的基本原则，如果以自下而上授权为主，那么政府及官员就会顾及民生（包括医疗卫生、教育、养老保障、环境保护等）和民众感受。反之，如果以自上而下授权为主，即官员的乌纱帽来自上级领导，那么各级政府和官员就会拼命讨好上级，倾其地方财力，不择手段，疯狂地摆现象工程、面子工程，糊弄上级。因此，才有诸如 2007 年云南富民农林局给荒山刷油漆搞“绿化”[①]，2010 年陕西华县国土官员称“绿漆刷山是国内最先进经验”[②] 及福建福鼎大种“无根树”[③] 等令人啼笑皆非的荒唐事。

---

① 张科：《云南富民农林局给荒山刷油漆搞“绿化”》，星辰在线，2007 年 2 月 13 日。

② 陕西华县官员：《绿漆刷山是国内最先进经验》，金羊网，2010 年 9 月 2 日。

③ 刘必泳：《福建福鼎大种“无根树”只为应对上级耕地检查》，福州新闻网，2011 年 3 月 29 日。

3. 政绩考核体系

政绩考核体系是政府和官员的指挥棒，就政府驱动型的中国经济而言，政绩考核体系是推进生态文明建设的关键。如果以 GDP 论英雄，那么各级地方政府和官员必然重工轻农，重城市轻乡村，重经济轻环保，重工程轻民生，因为后者的 GDP 贡献不大而受到歧视；相反，生态环境建设受到重视反而是不正常的。这样的政绩考核体系既不符合科学发展观的要求，也不利于生态文明建设。

4. 国家治理方式

它是人治还是法治往往决定了生态文明建设在这个国家的地位和命运。人类具有天生短视性，人治伴随政府换届和主要官员更替，必然导致短期行为和掠夺式开发。而生态文明建设是一个长期的过程和系统的战略。在较短的任期内，生态文明建设难以见成效，因而地方政府和官员就可能缺乏生态文明建设的耐心。而且在政绩考核中又无足轻重。在他们看来，生态文明建设可能是费力不讨好。如果遇到当政者和主流社会的极“左”思潮，那么生态环境的命运将更加悲惨。

5. 舆论和宣传自由度

如果对新闻、舆论过度和不当控制，那么绝大多数的生态破坏和环境污染事件将被人为掩盖。如果不允许或有意隐瞒各类污染事件，那么，污染将合法化，甚至受到极大的鼓励。

（二）经济制度

1. 财政体制

在政府的调控工具箱中，财政工具可能种类最多，使用也最灵活。具体来说，包括对基础性的环境设施直接投资，对环境友好型国有企业或者其生产经营行为减免红利上交额度，对环境友好型企业和生产经营行为财政担保、贴息及补贴保险费等，支持环保科研与技术推广，等等。

2. 税收制度

即绿色税收。根据生产经营单位的环境特性和环境影响确定税基、税率。通过减免、退税等手段，调节企业生产经营成本，从而引导其环保行为。目前我国有利于生态环境保护的税收政策实施还不理想，一方面是税收政策执行的力度不够，另一方面是技术的缺乏。

3. 金融制度

即绿色金融。根据企业生产经营行为的环境特性和环境实际影响考虑是否贷款、贷款额度与贷款利率等。金融是经济的血液，环境保护的金融杠杆具有其他杠杆无法比拟的效果。

（三）法律制度

法律制度对于生态文明建设的影响，一是控制环境行为；二是加大其违法成本，通过其成本收益函数，自觉保护环境。如果法律出现空白，或者有法不依，污染就会肆无忌惮。如果顾及 GDP 增长，法律的武器就会高高举起，轻轻放下，对污染行为的默许和迁就也会激励污染行为。如果污染罚款和赔偿低于其治污成本，或者低于边际收益，继续污染就会成为生产者的理性选择。违法成本太低，违法所得太丰，是中国社会和政治问题（比如矿难、腐败、知识产权侵犯、食品安全问题等）的根源之一。

（四）环境评价制度

环境评价是预防和控制环境污染的有效手段，但前提是环评过程的独立性。如果环评部门和人员屈从于政治和行政压力，或者被企业和政府收买，或者干脆由环保部门的人员换个牌子，组建环评机构，那么环境评价就不可能独立，也就无公正可言。这样，生态文明的建设也将成为空谈。

## 六　人的素质对生态文明建设的影响

生态环境意识是人类素质的基本要素，对生物、对环境态度构成人的素质的重要方面，正如印度大文豪泰戈尔曾经说过，“从对待动物的态度看出一个民族的素质”。同时，人的素质对生态文明建设又产生着重要影响。教育水平决定了人的基本素质，经济发展水平也影响人的素质，但文明素质与个体的经济实力、文化水平和社会地位并不一一对应。

## 第四节　生态文明建设的主体

生态文明不仅仅是一种思想和观念，同时也是一种社会行为。在进行生态文明建设过程中，人类应该充分利用行为科学的理论来指导自己的行为，从而客观地、理性地协调人与自然以及人类自身的矛盾，促进生态文明建设的进行。从建设主体的角度看，主要有政府、企业和居民个人三类主体。

### 一　政府

#### （一）政府的生态责任

政府承担的生态责任体现在以下四个方面：一是倡导生态文明理念；二是保证生态制度供给和实施，推进保护生态环境的法制建设和实施；三是保证生态技术供给；四是发展生态经济。

#### （二）政府生态责任缺失

政府生态责任缺失体现在五个方面：一是主体地位缺失；二是约束机制软化；三是官员责任意识缺失；四是政绩考核标准缺失；五是政策执行力缺失。

### 二　企业

#### （一）企业的生态责任

企业的生态责任包括对自然的生态责任、对产品的生态责任和对公众的生态责任。

#### （二）培育企业生态责任的途径

培育企业生态责任的途径包括三条：一是形成生态环境友好型的企业文化；二是实施清洁生产、循环生产；三是积极配合政府的生态环保政策和措施。

### 三　居民个人

#### （一）农户

（1）农民的环境失责表现为：一是不当的农业生产方式和习惯所造成的面源污染。其中最主要的是农药的大量使用，使其残留物污染土壤、水体；长期使用化肥，使土地的依赖性越来越大，地力明显下降，地下水体受到不同程度的污染；农用塑料薄膜的回收率和重复使用率都相当低，不但给耕作带来了不便，而且改变了土壤的结构和物理性质，阻碍了农作物的正常生长；秸秆焚烧极易产生火灾，使空气污染加重，能见度下降。二是养殖业的发展造成的污染。由于缺乏处理技术和环境意识，简单处理或未经处理的粪便污水对周边环境造成了极大的影响。

（2）农户环境责任的强化：一是培养农户的生态环境意识。宣传和普及生态环境意识，改变面朝黄土、背朝天的辛勤劳作状态。二是加大农业技术的创新和推广。改良种子和农业种植技术的推广，以替代或减少化肥、农药的使用。三是积极探索有利于农村生态环境保护的农业发展模式。发展立体农业、循环型农业，充分利用各个环节的资源。四是有效推动农村经济发展。相对来说，农户是低收入群体，他们最关注，而且首要关注的是吃穿住行，所以，只有农村经济发展了，农户收入提高了，才能更好地承担生态责任。不然，就是对他们不公平、不合理，正所谓贫穷是最大的污染源。①

（二）其他居民

个人对生态责任的承担首先表现在消费领域。具体来说，个人的生态责任就是生态消费，要求个人在消费活动中承担生态责任和义务，使消费活动符合生态文明建设的要求。

---

① 印度商工部长：《贫穷是最大的污染源》，《香港商报》2010年1月29日。

# 第三章　云南生态文明建设的基础

生态文明的建设需要具备一定的基础，没有一定的基础支撑，生态文明的建设就会流于形式，而没有具体的内容。本章主要从云南生态文明建设的理论基础、思想文化基础、自然物质基础、社会经济基础、制度基础、空间基础和支持系统七个方面进行阐述。

## 第一节　理论基础

### 一　人地关系理论

人地关系理论是人们对人地关系认识的理论概括，是对人地相互影响、相互作用程度的哲学观讨论。[①] 人地关系是人类与地理环境之间相互关系的简称。人地关系中的地理环境包括自然地理环境和人文地理环境两个方面，人地关系中的“人”是指人类，人类具有生产者和消费者的双重性。人类系统与地理环境的关系如图 3 - 1 所示。

### 二　可持续发展理论

可持续发展最早由环境学家和生态学家在 1972 年瑞典斯德哥尔摩举行的联合国人类环境研讨会上首次正式提出。可持续发展是一个内涵十分丰富的概念，可持续发展把经济发展同自然资源、人口、制度、文化、技术进步，尤其是生态环境因素综合起来，从而加深和拓展了对发展的认识。后经不断地完善和拓展，学者分别从发展过程中人与自然关系、社会属性、经济属性、科技属性等视角来阐释可持续发展。

---

①　陈慧琳：《人文地理学》，科学出版社 2001 年版，第 10 页。

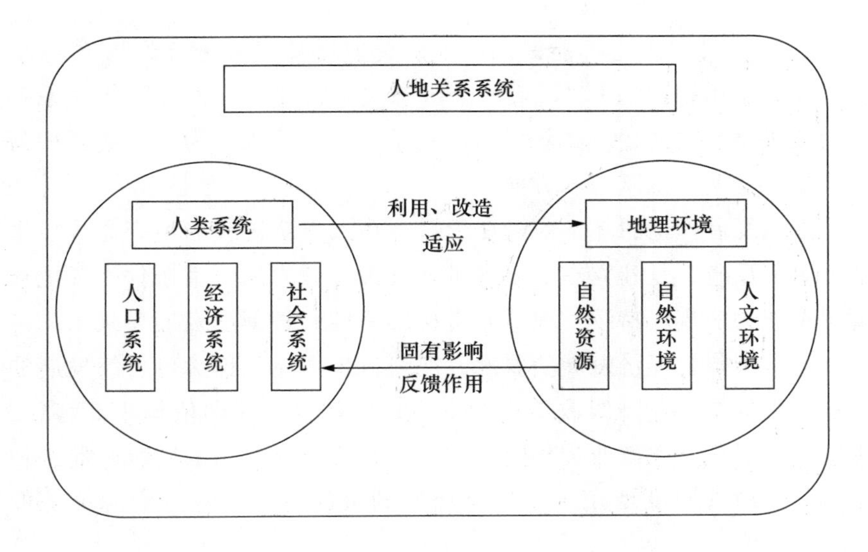


**图 3-1　人地关系示意**

可持续发展主要包括需要、限制和协调三个方面的含义。最重要的是需要，即可持续发展是既满足当代人的需求，又不危及后代人需要的满足；既要满足本地区、本国人民的需要，又不损害其他地区和全球满足其需要的能力，即代内公平和代际公平。可持续发展以经济增长为手段，以自然资源为基础，以提高生活质量为目标。可持续发展遵循公平性、持续性、共同性的基本原则。

## 三　绿色发展理论

绿色发展是一个历史发展的进程，即从最初的理念（绿色概念、绿色经济）上升到理论（绿色发展理论）的过程。中国提出的绿色发展理论是在绿色经济发展模式的基础上，结合中国的具体国情、发展现实提出的。绿色经济发展模式是绿色发展理论的具体实践，绿色发展理论是基于习近平同志“两山”[①] 理论的高度概括。

党的新一届中央领导集体，以党的十八大精神为指导，进一步提出了“保护生态环境就是保护生产力，改善生态环境就是发展生产力”；“对那些不顾生态环境盲目决策、造成严重后果的人，必须终身

---

① 指绿水青山，金山银山。

追究其责任”；“再也不能以国内生产总值增长率来论英雄”，“绿水青山就是金山银山”；[1]“建设一个生态文明的现代化中国”等一系列大力推进生态文明建设的新思想、新论断、新要求，为今后我国如何走向生态文明奠定基础和方向。

绿色发展理论的基本内涵在于：一是人类对传统的生产方式、生活方式的反省，是建立在环境容量和资源承载力的约束条件下，把环境保护作为实现可持续发展重要支柱之一的一种新型发展模式。二是将环境资源作为经济发展的要素，把“五位一体”作为可持续发展的目标，把传统产业升级改造作为支撑，以新兴产业即依赖于高科技、低能耗、绿色生态产业为导向，在保持经济稳定增长的同时，促进技术创新，最大限度地减少对生态环境的负面影响，降低资源能源的消耗。

“绿色经济”为“绿色发展”奠定坚实的物质基础，其包含两方面的内容：一方面，经济要环保。基本要义在于经济的发展要建立在资源和环境承受的阈值之内，任何以牺牲环境和资源来谋求经济的增长都是不可持续的发展。另一方面，环保要经济。也就是说，从环境保护中获取或谋求经济效益，从而将维系自然生态系统健康持续稳定，把“绿色”作为新的经济增长点。

## 第二节　思想文化基础

### 一　中华传统文化的生态文明观[2]

#### （一）儒、释、道的生态文明观

代表中华传统文化的儒、释、道三家均强调人与自然的和谐统

---

① 参见《绿水青山就是金山银山》，《人民日报》2004年7月11日第12版。习近平指出：“我们既要绿水青山，也要金山银山。宁要绿水青山，不要金山银山，而且金山银山就是绿水青山。”

② 生态文明观是指人类处理人与自然关系以及由此引发的人与人之间的关系、自然界生物之间的关系、人与人工自然物之间关系的基本立场、观点和方法，是在这种立场、观点和方法指导下人类取得的积极成果的总和。

一。儒家主张以仁爱之心对待自然，如孟子的“天人相通”、董仲舒的“天人相类”、荀子的“改造自然”等。

道家的生态文明观。以道家为代表的“听任自然”思想认为，人既然是天地的产物，就应遵循天地道行事，如果违背天地之道，不仅难以正常行事，甚至危及自身的生存和发展；人既是天地的产物，就应效法天地，顺应和适应天地，使天地人更为和谐。其强调自然万物应以自己固有的方式生存和发展，人类不能将自己的主观价值尺度强加于自然。如老子强调“人法地，地法天，天法道，道法自然”，庄子崇尚自然，提倡“天地与我并生，万物与我为一”的精神境界。

佛教的生态文明观。佛教强调众生平等，认为万物皆有生存的权利，生态伦理成为佛家慈悲向善的修炼内容。[①] 儒、释、道都强调人与自然的和谐统一，其实也就是我们通常说的“天人合一”的思想，这种“天人合一”的思想具有特殊的现实意义，可为我们在制定可持续发展战略的过程中提供借鉴。

“天人合一”的思想，在如何处理人与自然的关系上，为我们提供了一种很好的可持续发展模式。“天人合一”思想提供的这种新思路、新思考，对于当前人类社会在工业化、城市化进程中造成的人与自然的矛盾冲突的日益加剧，最终产生严重的生态危机和全球环境的恶化，如何打破经济建设和经济发展的迷局和困境，实现重大突破，具有重要的思想和理论意义。

### （二）中国古代生态建设和环境保护传统

生态文明思想和理念是中华文明的有机组成部分，我国古老的生态思想早在四千年前的夏朝便已发端。如《韩非子》载：“殷之法，刑弃灰于街者。”可见，在殷商之时，就有了禁止在街道上倾倒垃圾的规定，并视其为犯罪。孔子主张：“钓而不纲，弋不射宿。”《曾子大孝》载：“伐一木，杀一兽，不以其时，非孝也。”荀子《王制》载：“草木繁华滋硕之时，则斧斤不入山林，不夭其生，不绝其长

---

① 孙亚忠、张杰华：《20世纪90年代以来我国生态文明理论研究述评》，《贵州社会科学》2009年第4期。

也。”“草木零落，然后入山林。”周代的《伐崇令》是我国较早的一部生态环境保护法令，它规定：“毋坏屋，毋坏井，毋动六畜，有不如令者，死无赦。”《吕氏春秋》提出了“竭泽而渔”的理论。管子提出了“因地制宜”思想。孟子提出了“农牧结合”的农业结构理论。两千多年前的商鞅提出了有关城市生态的思想。正是这些循环生息、自我调节、永续利用的朴素思想，支撑了中华民族特定的文明形态延续，直到今天，仍然广泛地影响人民群众的生产生活和文化艺术。

这些价值观在现实生活中具体落实为“度”。“度”是中华文化的精华，是中国人的政治智慧、生活智慧和生态智慧的凝练表达。[①]可见，中华文化的主体与现代环境友好意识相通，中国具备建设生态文明的文化基础。

## 二 云南独特的少数民族生态观

生态文化是人与自然、人与社会、人与人和谐的文化，反映了生态文明的基本要求，是建设生态文明的文化基础。一般来说，任何生态文化的形成，都有特定的自然环境、历史渊源、地域特点和少数民族文化。云南特殊的高原地理地貌形成了丰富多彩、灿烂、独具特色的少数民族生态观，这些生态观大致可分为生产生活方式的生态观（包括农业生产中刀耕火种的生态观、农林一体的生态观）、观念文化中的生态观（包括宗教文化和伦理文化生态观）等。如滇西北地处横断山脉三江并流区域，地形地貌复杂，历史悠久，民族文化多元发展。居住在该区域的各民族，在长期的生产生活实践中，与自然和谐相处，在对自然环境的依赖、对生态规律的总结过程中，形成了一系列朴素的环境保护思想和观念，这种朴素的环保思想和观念又进一步融入生产生活中，沉淀为各民族底蕴深厚的生态文化。

红河州哈尼族村寨哈尼族人民在长期的生产生活中形成了对自然的敬畏，形成了山有多高、水有多深的生态文化景观，即“森林—水—人”和谐相融的生态观。这种生态观可以概括为林—农—人一体

① 潘岳：《中华传统与生态文明》，《光明日报》2009年1月14日。

的生态观，其基本思想是：有了森林才有水，有了水才有田，有了田才有粮，有了粮才有人。

## 第三节 自然物质基础

### 一 生物资源

云南是全国植物种类最多的省份之一，几乎集中了热带、亚热带、温带甚至寒带的所有品种。云南是我国的林业资源大省，森林蓄积量占全国的12.4%，林业用地面积占全省土地总面积的61.54%，森林覆盖率达49%，林业产业对全省GDP的贡献率已达到创纪录的7.3%。就花卉而言，2017年，云南花卉种植面积约156.2万亩，实现综合产值503.2亿元。其中，鲜切花种植面积21.8万亩，产量110.3万支，花农收入721.1亿元。[①]

### 二 矿产资源

云南复杂的地质构造为矿产资源形成创造了条件，由于多旋回构造运动和复杂的地质作用，形成云南省多层次、多类型的矿产资源。云南共发现矿产154种，可规划储量经济价值2.1亿万元，居全国第八位。其中，以磷矿和铅锌矿为全国最优，五氧化二磷大于30%的富矿储量达3.9亿吨，占全国富矿的35%；锌的可规划储量为2043吨，占全国的22.07%。

### 三 水资源

云南的水资源包括水量、水质和水能三个部分，还包括地表水和地下水两个方面，水能资源相对于其他资源要丰富，占全国水资源总量的8.4%，居全国第三位。云南的水能资源理论蕴藏量1.04亿千瓦，占全国总量的15.3%，也居全国第三位。云南开发装机容量9000多万千瓦，居全国第二位。仅开发澜沧江修建10个梯级电站，云南人均可年增加收入1000元。

---

① 白成亮：《实施生态立省战略　加强生态文化建设》，《云南林业》2007年第6期。

### 四 旅游资源

国家森林公园、国家风景名胜区、国家自然保护区、世界文化遗产以及历史文化名城等要素是国内主要旅游吸引物，这些吸引物的数量基本上可以反映一个地区的旅游资源富集程度。[①] 云南具有国家级的森林公园26个，居全国第一位；国家级风景名胜区10个，居全国第四位。

云南有着众多的少数民族，在全国56个民族中，云南就有52个，其中，人口在5000人以上的民族有25个，有16个民族跨境而居，有15个民族为云南所特有。这些少数民族在生产和生活中积淀了深厚的民族文化。云南除丰厚的民族文化资源外，还具备发展民族文化产业的基础。

## 第四节 社会经济基础

### 一 产业结构优化与经济发展

生态文明建设的核心内容是形成合理的生态产业结构体系。产业结构变化是人类文明进步的物质表现形态。经济发展包括经济数量的增长和经济结构的改善。其中，经济结构主要是产业结构。产业结构的改进包含在经济发展之中，产业结构的改善意味着经济的发展。因此，经济要发展就必须改善产业结构。

### 二 生态文明建设的社会经济基础

自1978年改革开放以来，云南省地区生产总值（GDP）逐年增加，从1978年的69.05亿元增加到2015年的13717.88亿元，37年间增长了约198倍。经济结构进一步优化，第一产业、第二产业、第三产业占GDP的比重从1978年的42.7%、39.9%、17.4%变化到2015年的15.0%、40.0%、45.0%（见表3-1）。全国GDP从1978

① 蔡定昆、骆华松、熊理然：《云南面向泛珠三角区域的比较优势及其区域合作对策》，《经济问题探索》2006年第2期。

年的3678.7亿元增加到2015年的685505.8亿元，增加了185倍。第一产业、第二产业、第三产业占GDP的比重从1978年的28.2%、47.9%、23.9%变化到2015年的8.8%、40.9%、50.2%（见表3－2）。从表3－1可以看出，云南经济总量逐年增加，产业结构进一步优化。但云南与全国相比，第一产业、第二产业、第三产业结构与全国存在较大差距，尤其是第一产业相差约6个百分点，第二产业基本持平，第三产业相差约5个百分点，这种产业结构与云南“植物王国、生物王国”的称誉并不相符。

**表3－1　　1978—2015年云南省主要年份三次产业结构变化**　　单位:%

| 年份 | 第一产业 | 第二产业 | 第三产业 |
|---|---|---|---|
| 1978 | 42.7 | 39.9 | 17.4 |
| 2000 | 21.5 | 41.4 | 37.1 |
| 2005 | 19.1 | 41.2 | 39.7 |
| 2010 | 15.3 | 44.6 | 40.1 |
| 2015 | 15.0 | 40.0 | 45.0 |

资料来源:《云南统计年鉴》(2005—2016)。

**表3－2　　1978—2015年全国主要年份三次产业结构变化**　　单位:%

| 年份 | 第一产业 | 第二产业 | 第三产业 |
|---|---|---|---|
| 1978 | 28.2 | 47.9 | 23.9 |
| 2000 | 15.1 | 45.9 | 39.0 |
| 2005 | 12.2 | 47.7 | 40.1 |
| 2010 | 10.1 | 46.8 | 43.1 |
| 2015 | 8.8 | 40.9 | 50.2 |

资料来源:《中国统计年鉴》(2005—2016)。

## 第五节　制度基础

制度建设是一个制定制度、执行制度并在实践中检验和修正制度的动态过程。

制度建设是生态文明建设的重要内容和重要保障，制度进步是生态文明水平提升的主要标志，加强生态文明制度建设与改善生态环境质量同样迫切，建立系统完备、科学规范、运行有效的制度体系是建设美丽云南、实现云南各民族永续发展的关键。只有充分挖掘和释放制度红利，才能为生态文明建设提供持续稳定的保障。

## 一 生态文明制度体系结构

制度是一种约束的规则或准则。作为准则或规则的生态文明制度包括正式制度和非正式制度。生态文明制度即推进生态文明建设的行为规则，是包括生态文化建设、生态产业发展、生态消费行为养成、生态环境保护、生态资源开发、生态科技创新等一系列制度的总称。在生态文明的具体体系结构中，正式制度是人们有意识地创造的一系列规则，它包括环境法律、环境规章、环境政策等；非正式制度主要包括环境意识、环境观念、环境伦理和环境习惯。

## 二 生态文明建设的制度路径

与传统的社会不同，中国特色社会主义是以人为本的社会主义，强调人与自然和谐发展的社会主义，这就为生态文明建设提供了制度基础。同时，中国生态文明建设是政府主导推进的，具有明显的政策优势。不同的社会制度下，生态文明建设的路径不同，党的十八大首次把制度建设纳入生态文明建设中，采取以政府和国家行为为主导生态文明建设的道路，已经密集出台“两型”社会、可持续发展实验，发展循环经济、低碳经济、生态经济、绿色能源等一系列生态文明建设战略性举措。如要求建立生态评价体系、目标体系、考核办法和奖惩机制；要求建立和健全资源有偿使用制度；生态补偿制度、生态环境保护责任追究制度和环境损害赔偿制度等要求，严格执行节约能源和保护环境的法律法规。生态文明制度是生态文明建设的根本保障。

云南生态文明建设的政策优势。具体表现在：胡锦涛同志 2009 年考察云南时提出要把云南建设成为中国面向西南开放的重要“桥头堡”战略，2009 年云南省委八届八次会议提出的“建设绿色经济强省、民族文化强省”的战略，2010 年云南省政府提出生态立省、环境优先的发展战略，中共中央总书记、国家主席习近平 2015 年考察云南时提出云南成为我国生态文明建设的“排头兵”战略。

当下，云南应充分利用这些政策优势，进一步开展生态文化建设、生态社区建设、生态宣传教育，进一步完善重大、重点项目建设信息公开制度。

## 第六节　空间基础与支持系统

生态文明在很大程度上讲是一个国土开发的空间结构问题。生态文明建设必须以制度为保障。党的十八大报告明确指出：“国土是生态文明建设的空间载体，必须珍惜每一寸国土。”优化国土空间开发结构，对生态文明建设的意义重大。

### 一　空间基础

2010 年制定的《云南省国民经济和社会发展第十一个五年规划纲要》，根据资源环境承载能力，统筹考虑未来人口分布、经济布局和城镇体系，将云南省划分为优化开发、重点开发、限制开发和禁止开发四类主体功能区。

由于云南特殊的地形地貌、区位条件与自然条件给国土开发带来了巨大的挑战，国土开发的难度和成本远远高于国内其他省份或区域。云南在国土空间开发中，应顺应自然，坚持开发与保护并举，探索建立系列制度，规范国土空间开发与保护，努力实现保护耕地着力、保障发展有力、保育生态得力和土地利用集约高效的目标。

### 二　支持系统

#### （一）生态文明建设的技术支持

生态文明技术创新必须建立在发达的工业文明的经济基础上。经济总量的扩大为生态文明技术创新提供了建设的物质基础。近年来，中国注重加大节能减排、低碳产业、循环经济以及新能源方面的科技投入，开始形成明显的生态文明科技基础优势。其表现为：首先，总体技术进步与科技创新水平的快速提高为生态文明技术进步奠定了科学基础；其次，中国开始抢占生态文明技术进步的制高点如新能源和低碳技术领域。

截至2015年，云南GDP总量已达到13717.88亿元，经济总量的扩大，有利于为云南生态文明建设的技术研究与开发提供物质技术、资金支持。

### （二）生态化的物质基础

生态化的物质基础即建立生态化的产业体系。基本要义是指在经济发展过程中，经济发展方式、产业布局等方面都要符合保护环境的基本要求。

### （三）生态化的能量转换平台

生态化的能量转换平台，就是要建立生态化的消费体系。人类的一切消费活动如衣食住行、生老病死都涉及消费问题。因此，消费活动的终结都会回到从哪里来到哪里去的自然界，也就是说，人类消费活动必须通过与自然界的能量转换来实现。

### （四）生态化的价值导向

生态的价值导向即生态化的文化教育体系。在当代中国，发展意识强、生态意识弱，财富意识强、环境意识弱。为此，必须大力发展“生态商”。“生态商”是“情商”之父，哈佛大学心理学博士丹尼尔·戈尔曼著的《10个改变世界的想法》（杨春晓译，2012年版）一书中提出了“生态商”概念。建设生态文明，关键在于改变人的思维方式。要进行一场生态革命，即传播“生态商”概念。在丹尼尔·戈尔曼看来，提高“生态商”，关键在于计算“碳足迹”，即对产品在生产、运输、使用和废弃过程中的环境污染进行计算。确定产品的生态价格，促进企业在降低“生态商”的各个方面进行竞争，同时，需要消费者具有高的“生态商”。

# 第四章　生态文明建设的经验借鉴

优美适宜的生态环境是人类赖以生存与发展的基础，创造高级形态的生态文明是人类共同的理想。西方发达国家生态文明建设的先进经验、国内相关地区生态文明建设的探索，为云南省生态文明建设提供了良好的经验、启示及借鉴。

## 第一节　生态文明建设的国际国内经验

### 一　生态文明建设的国际经验

#### （一）发达国家生态文明的发展历程和发展规律

自第二次世界大战结束以来，世界再未发生全球性的大规模战争，经济发展成为西方国家的主流意识，其间，生态文明的形成和演变大致经历了四个主要阶段。

第一阶段为20世纪40年代至60年代中期的：片面追求经济增长阶段。第二次世界大战几乎将各国经济摧毁殆尽，世界经济百废待兴。因而恢复和发展经济成为各国最紧迫的任务和头等大事。在发展理念上，“经济增长=社会发展=社会繁荣”也就顺理成章。在发展实践上，工业化成为发达国家当时的主流，人类从此迈入工业社会。

第二阶段为20世纪60年代末到70年代末：开始重视社会发展阶段。被纳入西方资本主义体系的发展中国家盲目模仿西方发达国家的经济增长模式，由于缺乏完善的市场制度和现代科技支撑，结果走出了一条“有增长无发展”的道路，造成经济结构畸形、贫富分化加剧、传统文化崩溃、社会矛盾尖锐、生态环境恶化，甚至爆发局部战乱。与此同时，西方工业国家经济增长模式的问题也开始显现。伴随其经济衰退、国内社会矛盾开始激化，如民权运动迅速兴起，国际局势也出现动荡，如越南战争。可见，传统的经济发展观出了问题。人们开始反思这种传统的工业化发展道路。学者意识到，衡量一个国家的发展，除经济尺度外，还包括各项社会指标。在发展经济的同时，应当追求社会的全面进步与发展。20 世纪 70 年代以来，国际社会已经签署了 152 项资源与环境保护公约，国际组织和机构也越来越多地介入对有关环境争端的协调。

第三阶段为 20 世纪 80 年代：和谐发展阶段，开始形成人—自然—社会协调发展为中心的增长观念。法国学者弗·佩鲁较早提出了这种新发展观。该发展观认为，没有发展的经济增长是危险的。罗马俱乐部主席奥·佩切伊在 20 世纪 80 年代初明确指出："现代社会不愿懂得，任何进步，首先是道德、社会、政治、风俗和品行的进步。"[①] 从 20 世纪 80 年代后期开始，经过 1992 年的里约联合国环境大会，环境问题迅速成为国际关系中的一个中心议题。环境问题已经超越了国界，成为全球性问题。甚至一些国内环境问题也成为国际合作的对象，进入国际关系领域。这就需要建立和发展各种各样的国际机制，用来规范和协调各国的环境行为，共同解决国际环境问题。

第四阶段为 20 世纪 90 年代：可持续发展与生态文明建设阶段。可持续发展观与生态文明观是一脉相承的。可持续发展是为解决人类社会面临的全球问题（如生态环境恶化、水土流失、土地沙化、气候变化等）而引起的发展困境下提出的一种思想理念和战略。生态文明，相对于传统文明而言，是一种更高层次的文明形态。生态文明要求以人与自然、人与人、人与社会和谐共生、良性循环、全面发展、持续繁荣为宗旨。生态文明摒弃了原有传统的不良行为，如征服自然、人定胜天、人类主宰自然旧观念等。生态文明的要求和内涵，正是可持续发展要实现的目标愿景。可持续发展体现了经济、社会、资

---

① ［意大利］奥·佩切伊：《世界的未来——关于未来问题的一百题：罗马俱乐部主席的见解》，中国对外翻译出版公司 1985 年版，第 65 页。

源和环境的协调发展。生态文明为可持续发展确定了目标方向，而可持续发展是人类文明进步的表现，是建设生态文明的必由之路。

从发达国家生态文明发展历程我们可以看出，生态文明从萌芽、形成到发展都与经济发展息息相关，从单纯追求经济增长，由此带来的资源枯竭、生态恶化、灾难频发开始引起人类的关注，然后开始积极探寻经济发展与环境和谐共进的发展模式，再到追求自然、人类与社会的全面发展。在生态文明发展的每一阶段，人类价值观的演进都伴随着如何解决人类社会发展中遇到的“瓶颈”。提倡生态文明，是人类解决自身发展问题的价值导向，是获得可持续发展的根本途径。

### （二）当今世界生态文明建设的先进成果

人类在经历了“走过森林和绿洲，最后留下的是荒漠”的农业文明、面临一个丧失功能的生物圈的工业文明之后，人类未来的发展道路应该是怎样的？这是一个困扰人类的大难题。生态文明发展模式的确立，为身陷工业文明带来的环境灾难和生态危机的人类点亮了发展道路上的灯塔。伴随着生态文明观的形成，发达国家开始转变各自的经济发展战略，把生态文明诉诸实践，将生态理念融入经济社会生活的方方面面。

#### 1. 发展低碳经济是发达国家践行生态文明的主要表现之一

自英国提出低碳经济之后，欧盟、美国、日本等西方发达国家纷纷提出了各自的低碳经济政策主张。

（1）英国的实践。其主要做法：一是把发展低碳经济提高到国家战略高度。颁布了《气候变化法案》（2008）；二是政府主导。大力进行低碳技术的研究与推广。三是通过激励机制，促进低碳经济发展。

（2）日本的实践。其主要做法：一是依靠政府主导。主要体现在政府负责制定规划与目标；政府负责监督与管理；利用财政政策加强引导。二是发展创新科技。三是实行制度革新。主要举措包括试行碳排放交易制度、实行领跑者制度、推行节能标志制度、推广碳足迹制度。四是重视示范点的建设。

#### 2. 生态城市建设

生态城市是基于可持续发展基础上提出的，其实质在于综合利用与保护资源环境和治愈修复城市存在的各种问题。发展低碳经济，首先必须依赖技术创新、制度创新；其次还依赖于主体行为方式的转变。

推进城镇化与加强环境保护的有效途径。面对城市化进程的加快，城镇规模的快速扩张，常住人口的急剧增加，令人担忧的生态环境质量问题逐渐暴露出来。通过发达国家（美国和日本）在小城镇生态环境保护方面取得的经验，以呼吁和唤起政府和民众对小城镇发展过程中即将爆发的环境危机引起足够的重视。

（1）日本的实践。其具体做法：一是制定城镇规划。把城镇发展计划划分为全国计划、大城市圈整备计划和地方城镇开发促进计划，从而实现城镇由数量型向质量型转变。二是制定相关法律法规，规范小城镇的发展。如《新城镇村建设促进法》（1956）、《关于市合并特例的法律》（1962）、《关于市镇村合并特例的法律》（1965）等。[①]

（2）美国的实践。其具体做法：一是管理的自治性。美国的小城镇管理有较强的自治性，小城镇政府拥有一定的经济和行政管理权，居民拥有参与城镇自身建设与管理的权利。二是城镇建设资金来源的多样性。即其城镇建设资金来源有个人资本投入、房地产开发商等。三是城镇规划设计的科学性。突出人居环境的舒适，充分考虑当地的民俗生活习惯，体现民族特色。

从国外生态城市建设过程中我们可以看到，这些国家的居民都有很高的环境道德和生态文明意识，这是保障生态建设顺利实施的关键因素。

## 二　生态文明建设的国内经验

“生态文明”的理念首次出现在党的十七大报告中，现在国内贵阳、厦门等城市率先提出建设生态文明城市，国内很多城市也在跟进。因此，建设生态文明城市，既是贯彻落实党的十七大精神的重要举措，也是城市发展的必然要求。

### （一）我国首家循环经济生态试点城市：贵阳市

贵阳市是贵州的省会，它是一个资源型城市，由于产业的高耗

---

① 侯爱敏、袁中金：《国外生态城市建设成功经验》，《城市发展研究》2006年第3期。

能、低效率、高排放，曾经被列入“全球十大污染城市”“全国三大酸雨城市”之一。贵阳市2002年、2004年先后被国家环保总局、联合国环境规划署确认为全国首家生态城市试点和全球循环经济试点城市。贵阳成为一个“山中有城，城中有山，绿带环绕，森林围城，城在林中，林在城中”的具有高原特色的现代化城市。作为中国第一个获得“国家森林城市”称号的城市，森林是贵阳市的标志性景观，也是它的绿色屏障。2007年，在科学发展观的指引下，提出生态文明城市建设以来，贵阳市生态环境保护与建设紧紧围绕建设生态文明城市的奋斗目标，高度重视生态建设，做了大量的工作，取得了显著的成效，创造了可贵的经验。

具体做法可概括为四个方面：一是以生态城市要求和循环经济理念，结合市情，因地制宜，启动了一批循环经济清洁生产和生态工业项目。二是让市民参与生态文明建设，让其得到实惠，尝到甜头，从而激发出从事文明生产、文明生活、构建文明和谐社会的积极性。三是加大环保投入、偿还生态欠账、修复自然生态功能力度，为实现绿色发展、可持续发展提供了重要保障。四是建章立制，规范生态文明建设主体（政府、企业、个人、其他居民）的责任意识。

（二）自然—生态一体化的厦门模式

厦门发展模式着眼于自然和生态一体化，树立坚持以制度保障为先，积极构建生态城市治理结构；积极调整产业结构，大力发展生态经济；注重节约资源，通过资源集约化利用来拓展城市发展空间；自觉进行生态修复，实现生态与人居环境和谐。

其具体做法：一是严格把控项目准入关。从原来的“韩信点兵，多多益善”成功地转变为“科学招商”。一个新项目落户工业区，通常经过七道门槛，即产业方向、科技含量、投入强度、产出效益、环境影响、就业机会和能源消耗。[①] 二是生态文明理念被引入生态污染治理中，指导企业通过发展循环经济，实现企业治污盈利，减轻企业负担。三是成立循环经济领导专门机构，推进循环经济发展，从而形

① 文雯：《厦门模式探索发展新路》，《中国环境报》2009年7月16日第1版。

成政府引导、市场推动、行为规范、政策扶持、科技支撑、公众参与的循环经济运行机制。

## 第二节　国内外经验总结

国内外部分地区的先行先试为云南的生态文明提供了可供经验的借鉴，因此，总结国内外生态文明建设经验的有益启示，对云南省生态文明建设具有重要的借鉴意义。

### 一　制度体系建设是生态文明建设的根本保障

加快形成促进节约资源、保护环境的法律法规、政策和机制。为保证生态文明建设的连续性，为生态城市建设创造良好的法制氛围，这些城市将生态城市建设工作纳入法制轨道，编制了地方性法规，制定与生态文明建设相关的配套性规章制度；将发展过程中的资源消耗、环境损失和环境效益纳入经济发展的评价体系。

### 二　理念与规划是生态文明建设的新起点

#### （一）重视对生态城市的建设规划

生态文明建设重在统筹规划。生态文明城市建设是一项庞大、复杂的系统工程，具有空间上的广域性、时间上的长期性、投入上的多元性和管理上的社会性。[①] 为此，在具体建设过程中，一是要高瞻远瞩，全盘规划，制定并完善具体的约束机制、激励机制；二是采取经济驱动、综合运用文化驱动、科技驱动和政府驱动等多种方式；三是强化政府决策管理机构的统帅作用，积极推动社会公众和民间团体的具体参与；四是注重本体意识和地方特色，积极开展外部合作。

生态城市是生态文明建设的重要载体，也是生态文明建设的重要形式与内容，生态城市产业结构设计与优化是促进生态文明建设的重要手段。党的十八大把生态文明建设纳入中国特色社会主义事业总体

---

① 鞠美婷、王勇、孟伟庆、何迎等：《生态城市建设的理论与实践》，化学工业出版社2007年版，第15页。

布局，使生态文明建设的战略地位更加明确。党的十八大报告提出了“把生态文明建设放在突出的地位，融入经济建设、政治建设、文化建设、社会建设各方面和全过程”等重要论断，凸显了中国共产党对生态文明建设的重视，是中国共产党科学发展理念的升华，是云南加快建设生态文明的“排头兵”，为科学发展少数民族示范区提供了强大的理论支撑。生态城市建设是生态文明理论向实践转变的具体表现。从国内外发展生态文明的实例中我们能够看到，各地从各自的自然条件、区域优势出发所制定的有针对性的发展战略，更有利于发挥各地的比较优势，和谐地处理好经济发展与环境保护的关系。

（二）树立生态文明理念，形成健康文明的消费方式

通过多种形式的媒体宣传，提高人们的节约环保意识，从美国城镇居民对自己家园的爱护，我们可窥见其对环境爱护的一斑。贵阳市生态文明教育建设的基本做法和经验具体表现为：合理配置教育资源，倡导“学有所教”；因地制宜，打造“人性化”教育；“口号”喊得响，“行动”落得实；夯实基础，从细节入手，开展生态文明教育建设；以制度化、程序化为突破口，推进生态文明建设；紧密结合“八荣八耻”教育，推动生态文明教育活动纵向深入；突出主题重宣传，扎实推进促文明。

### 三　加大财政资金的扶持力度是生态文明建设的助推器

生态文明的建设涉及经济、政治、社会、文化建设的方方面面。没有一定的资金作为支撑，生态文明建设很难推进。从生态文明建设的主体来看，政府在生态文明建设中，要充分利用财政政策的作用，为企业提供资金支持。财政经济政策的重点在于利用市场机制，解决环境污染和环境治理的外部成本内部化问题，明晰环境产权，使环境资源和其他物品一样走向市场，使价格能正确地反映其全部社会成本。对于从事清洁生产研究的单位、企业、个人给予资金支持。

# 总 论 篇

# 第五章　云南生态文明建设的总体进展及存在的问题

2015年1月伊始，习近平总书记考察云南，殷切希望云南努力成为我国生态文明建设“排头兵”以来，云南先后召开省委九届十次、十一次、十二次全会等重要会议，将生态文明建设摆上重要议事日程，与经济建设、政治建设、文化建设、社会建设融合推进。坚持高层倾力推动，成立了由时任省委书记李纪恒任组长、省长陈豪任常务副组长的高规格生态文明建设“排头兵”工作领导小组。省领导统筹组织多次专题调研有关生态文明建设的一系列问题。2015年12月，陈豪同志主持召开九大高原湖泊水污染综合防治领导小组暨滇池保护治理工作会议，强调科学谋划、统筹推进“十三五”九大高原湖泊保护与治理工作。云南省生态文明建设取得了重要进展，但是，由于多种因素的影响，云南生态文明建设的持续推进也面临着相关问题及其制约。

## 第一节　云南生态文明建设的总体进展

### 一　云南生态文明建设的总体进展

近年来，云南坚定走绿色发展、生态富民之路，确保生态文明建设重点领域走在全国前列。

#### （一）经济绿色化程度得到新提升

1. 主体功能区战略有效落实

2015年以来，云南主体功能区战略有效落实的具体表现有三个方面：一是以《云南省主体功能区规划》为引领，着力调整优化空间结构，提高空间利用效率。二是加快推进市县落实主体功能定位，把西双版纳州、丽江市玉龙县列为国家主体功能区建设试点。三是按照国家重点生态功能区实施产业准入负面清单制度的要求，研究提出了云南省18个国家重点生态功能区县市区的产业准入负面清单。向国家争取调整重点生态功能区范围，争取将对全国或较大范围区域的生态安全有重要支撑作用的县市区申报调整为国家重点生态功能区。

深入实施主体功能区战略。狠抓《云南省主体功能区规划》落实，着力构建“一核一圈两廊三带六群”区域发展新空间，推动形成区域协调发展新格局。积极申报调整对全国或较大范围区域生态安全有重要支撑作用的56个县市区为国家重点生态功能区，西双版纳州、玉龙县国家主体功能区建设试点示范方案获得批复。云南省政府出台了《关于科学开展“四规合一”试点工作的指导意见》，要求全省有条件的县市区加快开展“四规合一”① 的进程，同时，成立云南省规划委员会，《云南省城镇体系规划（2015—2030年）》和滇中、滇西等城镇群规划获批并实施。

2. 产业结构得到优化调整

通过出台一系列相关法律法规和配套政策措施来调整产业结构。如《关于加快工业转型升级的意见》《关于促进我省生产性服务业发展的意见》等，推动产业结构向开放型、创新型和高端化、信息化、绿色化转变。

加快发展高原特色现代农业。具体表现在以下三个方面：一是充分利用得天独厚的资源禀赋，着力打造“四张名片”，即丰富多样、生态环保、安全优质、四季飘香，高原特色生态农业步入快速发展轨道。二是实现了“四个第一”，即花卉、咖啡、橡胶、烤烟面积和产量均居全国第一位。三是粮食产量实现十三年增产，茶叶面积居全国

---

① “四归合一”是指国民经济和社会发展总体规划、城乡规划、土地利用总体规划、生态环境保护规划。

第一位，开展无公害农产品认证突破5000万亩，林业总产值达2800亿元。

持续推动战略性新兴产业发展。具体表现在一系列措施的推行，启动“云上云”行动计划，积极推进以“互联网+”、云计算、大数据、信息消费等为主的信息化和信息产业发展。同时设立了生物、新材料、节能环保、高技术服务业、生物医药和生物技术6只新兴产业创投基金，总规模达15.7亿元。

大力发展生态友好型旅游业。具体措施表现在两个方面：一是积极开展A级旅游景区、国家生态旅游示范区和绿色饭店创建活动。二是深入开展“七彩云南生态旅游”行动，提升旅游服务质量，旅游强省建设取得新进展。截至2015年，云南全省第三产业增加值达6169亿元，占地区生产总值比重达到45%，较2010年提高4.97个百分点。

3. 低碳循环发展持续推进

节能减排责任落实机制提前到位，超额完成“十二五”国家下达的云南节能减排的目标。具体体现在以下三个方面：一是2015年，全省能源消费总量同比增速-0.3%，超额完成国家下达的目标任务。二是非化石能源占一次能源消费比重为42.1%，远超国家“十二五”非化石能源消费占一次能源消费比重11.4%的目标。三是提前两年完成了低碳试点省建设的“十二五”期间碳强度下降16.5%的目标任务。具体内容包括：全面启动重点企（事）业单位温室气体排放报告制度建设，组织实施了一批低碳产业园区、低碳社区、低碳学校和低碳城镇示范项目；昆明呈贡新区成为国家8个低碳城镇试点之一；低碳产品认证试点工作成效显著，获证企业数量居全国前列。清洁能源开发利用走在全国前列，2015年，全省累计装机8000万千瓦，清洁能源装机占82%；外送电量1130亿千瓦时，是全国外送清洁能源第二大省份。[①]

---

① 云南电网公司，http://www.csg.cn/xwzx/2016/yxcz/201611/t20161101_145831.html。

通过组织丰富多彩的低碳活动，增强民众的低碳意识，为构建绿色经济、低碳生活创造了良好环境（见表5－1）。

**表5－1　云南省“十二五”期间举办的重大低碳活动**

| 活动名称 | 举办时间 | 主办单位 | 活动内容 | 活动效果 |
| --- | --- | --- | --- | --- |
| “践行节能低碳，建设美丽家园”主题宣传活动 | 2013年 | 云南省发展和改革委员会 | 一是发放低碳宣传册、布置展板、宣读“低碳生活从我做起”倡议书等形式，展示云南低碳发展的历程、政策和措施。二是由多个部门负责的分会场活动也同期举行。如省科技厅开展全民低碳科技示范；省交通厅组织活动倡导绿色低碳出行；省商务厅宣传引导消费者减少一次性用品使用，自觉抵制商品过度包装；省教育厅组织各类学校开展以低碳、循环经济为主要内容的课堂主题教育和社会实践活动 | 让公众对低碳交通、低碳消费等低碳知识有深入的了解，低碳意识深入人心 |
| 云南省2014年低碳活动日 | 2014年 | 云南省发展和改革委员会 | 举办了低碳出行活动，市州、企业、社区和家庭发表低碳宣言，低碳发展成效、产品和技术展示，发放低碳宣传册等活动 | 在推动国家生态文明先行示范区建设的大背景下，通过全国低碳宣传日，加强了低碳发展舆论宣传引导，增强了全民低碳意识，推行了低碳生活方式，促进了低碳消费，营造了生态文明先行示范区建设的良好氛围 |

续表

| 活动名称 | 举办时间 | 主办单位 | 活动内容 | 活动效果 |
| --- | --- | --- | --- | --- |
| 云南省2015年低碳活动日 | 2015年 | 云南省发展和改革委员会 | 活动内容主要包括云南省低碳试点工作成效介绍，低碳发展专题讲座，云南省低碳城市、低碳社区试点经验交流，全省低碳成果展示，以及低碳生活进社区活动等<br>6月15日为全国低碳日，与全国同步开展低碳日宣传活动，低碳日活动的主题是“低碳城市宜居可持续”，世博生态城——低碳中心 | 本次低碳日活动为大众充分展示了云南省低碳建设成果，并通过更为直观的活动内容，向社会大众展示了低碳生活知识，受到了广大公众的广泛好评。在推动国家生态文明先进示范区建设的大背景下，我们通过全国低碳宣传日活动，宣传云南低碳工作成果，加强低碳发展舆论宣传引导，增强全民低碳意识，倡导低碳生活方式和低碳消费模式，营造生态文明先行示范区建设的良好氛围 |

“十二五”期间，云南省把推进低碳产品认证作为着力点。研究制订了《云南省低碳产品认证实施方案》，开展花卉、普洱茶、苹果等高原特色农产品和电解铝等优势工业产品的低碳标准和认证制度研究，组织了全省低碳产品认证宣贯会，在硅酸盐水泥、平板玻璃、中小型三相异步电机、铝合金建造型材等行业的重点企业开展试点，扶持引导相关企业获得低碳产品认证，目前全省有云南远东水泥有限责任公司、华新红塔水泥（景洪）有限公司、曲靖市宣威宇恒水泥有限公司、哈尔滨电机厂（昆明）有限责任公司4家企业获得15张国家低碳产品认证证书，获证企业数量和证书数都居全国前列。

### （二）生态保护与建设取得新成效

#### 1. 加快推进生态治理与修复

深入实施天然林保护、退耕还林还草、陡坡地生态治理、防护林工程、石漠化治理、森林抚育、农村能源等一批重大林业生态建设工程，1州3县列为全国生态保护与建设示范区，森林生态建设与保护水平进一步提高，实现森林覆盖率、森林蓄积量和林地面积“三增长”。2015年，森林覆盖率为55.7%（含一般灌木林），森林蓄积17.68亿立方米，林地面积为2501万公顷。[①]

2. 生物多样性保护取得新突破

利用市场机制建立合理的、多元的投入机制，不断拓展生态保护和建设投融资渠道。积极争取财政投入，建立自然保护区专项资金，广泛吸纳社会资金投入生态环境保护与建设。具体表现在四个方面：一是在全国率先开展极小种群物种保护和野生动物公众责任保险工作，野生动物公众责任保险实现了全省全覆盖，经费增加至5990万元。二是组织编制了亚洲象等重点物种保护行动计划，37个珍稀濒危物种得到拯救保护。三是积极开展自然保护区基础设施和能力建设，野生动物疫源疫病监测体系逐步完善，监测防控能力明显提高。四是启动了《云南省生物多样性保护条例》起草工作。

特殊的地质地貌、奇特的地理条件、独特的气候环境，孕育了云南丰富而独特的生物多样性。云南省政府先后召开了滇西北生物多样性保护工作会议、滇西北生物多样性保护联席会议第二次会议、云南省生物多样性保护联席会议，发布了《滇西北生物多样性保护丽江宣言》《2010年国家生物多样性云南行动纲领》《云南省生物多样性西双版纳约定》，将云南生物多样性保护重点区域由滇西北扩大到滇西南，由2008年的5个市州18个县市区扩大到现在的9个市州44个县市区，累计投入资金近70亿元，实施了生物多样性保护十大工程。按照建管并重的思路，加强自然保护区建设，目前云南省已建有自然保护区162个，其中，国家级21个、省级38个、市州级57个、区县级46个，总面积281万公顷，占全省国土总面积的7.1%，建成了11个国家级和54个省级风景名胜区、28个国家级和12个省级森林

---

① 《2015年云南完成营造林665.6万亩　林业总产值预计超2800亿元》，云南网，http：//yn.yunnan.cn/html/2016－01/17/content_ 4121848.htm。

公园。

3. 全面提升湿地保护与恢复水平

组织完成云南省年度湿地资源变化核查，成立云南省湿地保护专家委员会，顺利完成第一批省级重要湿地认定，新建国家湿地公园 9 处，开展退化湿地恢复近 1 万亩，云南省自然湿地保护率达到 43.3%。[①]

4. 狠抓生态文明体制改革

成立了由省长任组长，常务副省长和分管副省长任副组长，23 个部门主要负责人为成员的七彩云南生态文明建设领导小组，全面加强对生态文明建设的领导。为贯彻落实十八届三中全会精神，深化生态文明体制改革工作，云南省专门成立了由李培常委任组长，刘慧晏副省长、张祖林副省长任副组长，27 个省级有关部门负责人任成员的生态文明体制改革专项小组，专项小组办公室设在省环境保护厅。2014 年 12 月 31 日，云南省委、省政府在全国未出台生态文明体制改革方案的情况下，率先颁布实施了《云南省全面深化生态文明体制改革总体实施方案》。在完善环境治理和生态修复制度等方面，细化了 19 项重点举措，明确了 52 项具体改革任务的时间表和路线图，为云南省生态文明体制改革提供了依据和遵循。2014 年，云南省委、省政府积极推动改革，先后起草了《云南省生物多样性保护条例（草案）》；启动了生态保护红线划定；制订了《云南省县域生态环境质量评价与考核暂行办法》，将县域生态环境质量考核结果作为重点生态功能区财政转移支付资金分配的依据。

（三）环境突出问题得到新改善

深入开展大气污染防治工作，实施《云南省大气污染防治行动实施方案》，截至 2015 年，云南省 16 个市州政府所在地城市环境空气质量总体良好，平均优良率为 97.3%。大力推进九大高原湖泊保护治理。主要表现在：一是积极推进以滇池、洱海为代表的九大高原湖泊保护治理。九湖水质总体保持稳定，抚仙湖和泸沽湖总体水质保持 I

---

① 《云南森林覆盖率提高了 2.8%　完成营造林 3634 万亩》，云南网，http://news.yninfo.com/yn/jjxw/201601/t20160118_2387953.htm。

类；洱海水质在Ⅱ类和Ⅲ类之间波动；阳宗海、程海（pH值、氟离子除外）水质为Ⅳ类；滇池、星云湖、杞麓湖、异龙湖4个湖泊水质虽为劣Ⅴ类，但水质恶化趋势得到遏制，主要污染指标有明显改善。滇池治理成效明显，顺利通过年度国家考核。洱海流域列入国家重点流域范围，大理市洱海环湖截污工程PPP项目进展顺利。二是全力推进污染物减排工作，顺利完成国家下达的污染物减排目标任务，县城及以上城市污水集中处理率和生活垃圾无害化处理率达到85%。

## 二　先行先试创新制度体系

### （一）探索建立生态文明建设评价考核机制

制定《贯彻〈党政领导干部生态环境损害责任追究办法（试行）〉实施细则》，提出生态环境损害责任追究的适用范围、追责情形、追责形式、追责主体、成果运用等，从制度上严防各级领导干部盲目决策造成生态环境的严重损害。制订《云南省自然资源资产负债表试点方案（试行）》和《云南省关于贯彻落实〈开展领导干部自然资源资产离任审计试点方案〉的工作方案》，积极探索推进自然资源资产负债表编制试点和领导干部自然资源资产离任审计试点。加大生态文明建设考核力度，将资源消耗、环境损害、生态效益等情况纳入领导班子和领导干部政绩考核内容。实行差异化考核，对限制开发区和生态脆弱的19个一类贫困县取消GDP考核，对二类贫困县弱化GDP考核。

### （二）探索国家公园管理体制

率先开展国家公园建设试点。率先实现第一部国家公园管理体制地方立法，制定了《云南省国家公园管理条例》，于2016年1月1日起实施。

自2008年启动国家公园建设试点以来，云南省按照“研究—试点—规划—立法—推广”的步骤，扎实推进各项工作，先后建立了8个国家公园。实践证明，建立国家公园体制是建设生态文明制度的重大创新，是缓解资源保护与地区发展矛盾、提高公众的资源保护意识、实现人与自然和谐可持续发展的有效途径。

主要做法：一是界定功能定位。二是明确管理主体。三是坚持科学决策。四是建立配套政策。五是编制标准规划。六是完善地方法规。

主要成效：一是强化生态保护。二是带动社区发展。三是传播生态文化。四是提升林业地位。

主要经验：第一，领导重视是关键。主管部门国家林业局的支持，云南省委、省政府的重视和社会各界的参与，试点工作得以顺利推进。第二，科学规划是前提。先规划，先设计，确定科学布局。第三，队伍建设是基础。明确主管单位，健全管理机构，配备专职人员是保证试点工作顺利开展的基础。第四，制度建设是保障。制定技术标准，推进专项立法体系建设。第五，共建共赢是目的。坚持利益共建共享，实行社区参与机制。

（三）完善落实生态补偿制度

深入推进集体林权制度改革和社会化服务体系建设。通过不断探索实践，森林生态效益补偿成为云南省林业建设规模最大、投入最多、惠民最广的生态工程和民生工程。

1. 积极建立和完善公共财政生态补偿机制

为深入推动云南省生态文明建设，云南省财政厅及相关部门深入调研、广泛征求相关部门和各地意见，在充分总结经验的基础上，找准政策着力点，完善了生态补偿与考核奖惩相结合的省里对生态功能区转移支付制度，形成了更加完善的生态补偿机制，按照“明确权责、奖惩并举”的原则，花钱的同时买制度，用制度保护生态环境。此外，对县级自身财力安排的环境保护支出，给予一定的奖补支持。

2. 不断完善生态环境质量考核奖惩机制

云南省财政厅积极配合省环保厅，完成了对全省各县市区生态环境质量的年度动态考核工作，将考核结果进行了公开通报，同时与生态补偿资金进行了挂钩奖惩。从政策实施效果看，此项制度创新实现了以资金奖惩激励引导、以制度促进生态保护的改革目标，对市州、县的生态环境质量年度考核结果，已经纳入了组织部门对市州党政领导班子和县委书记工作考核指标体系，且赋予较大分值权重，生态考核机制将发挥更加重要的“指挥棒”作用。

3. 积极推进跨界河流水环境质量生态补偿试点工作

2014 年下半年以来，云南省财政厅、省环境保护厅结合生态功能区转移支付制度，深入开展了跨界河流水环境质量生态补偿试点研究。2015 年 1 月初，启动了试点地区的同步监测工作。1 月 23 日，云南省财政厅、省环境保护厅召开座谈会，征求了昆明市、曲靖市、大理州、怒江州的意见，除怒江州表示不同意纳入试点外，其余三市州均回复了意见。在对回复意见进行认真梳理，并对部分意见进行采纳的基础上，两厅完成了《云南省跨界河流水环境质量生态补偿试点方案》《云南省跨界河流水环境质量生态补偿（试点）协议书》的编制工作。为确保顺利启动补偿试点工作，两厅已拟文向省政府申请：批准《云南省跨界河流水环境质量生态补偿试点方案》《云南省跨界河流水环境质量生态补偿（试点）协议书》的主要内容并同意两厅与相关市州签订协议书，正式启动跨界河流生态补偿试点工作。

4. 积极探索和实践水资源有偿使用及生态补偿价格政策

云南省已全面开征水资源费。目前，除农业灌溉及农村生活用水暂未收取水资源费外，其他取用水均需缴纳水资源费。今后，云南省物价局将研究探索资源有偿使用和生态补偿价格政策，按照“3P”原则（“谁使用，谁付费；谁污染，谁付费”和“谁受益，谁补偿”原则），研究建立资源有偿使用和生态补偿价格机制。

（四）不断完善环境治理体系

云南省政府办公厅印发《关于加强环境监管执法的实施意见》和《云南省县域生态环境质量监测评价与考核办法（试行）》等文件，加大推进建立健全严格监管所有污染物排放的环境保护管理制度的力度。并出台《云南省加快推进环境污染第三方治理的实施意见》，着力培育环境治理和生态保护市场主体。

（五）全面节约制度大力推进

建立最严格的水资源管理制度。2014 年，水利部对云南省落实最严格的水资源管理制度考核中，成绩排在全国第六位。健全国土资源节约集约利用制度，积极推进保护坝区农田、建设山地城镇工作，累计开发低丘缓坡土地 11.03 万亩，完成闲置土地处置面积 15345 亩。

实行最严格的耕地保护制度，大力提高耕地占补平衡质量，完成全省7892万亩基本农田划定工作，启动全省永久基本农田划定试点工作。

（六）推进国家生态文明先行示范区建设

认真落实《云南省生态文明先行示范区建设实施方案》，形成了《努力成为生态文明排头兵及加快推进生态文明先行示范区工作措施方案》，提出了118项工作措施、50项指标体系，将先行先试目标任务和工作举措进行责任分解。紧紧围绕先行示范区“五个”战略定位和“三大”目标，着力先试，在发展高原特色生态农业、持续推进生态保护与建设、开展跨界河流水环境质量生态补偿、推行县域生态环境质量监测评价及动态奖补机制等方面取得了新成效，为生态文明建设积累了经验，提供了示范。

（七）加快普洱市建设国家绿色经济试验示范区

作为全国唯一的绿色经济试验示范区，云南省政府专门出台了《关于支持普洱市建设国家绿色经济试验示范区若干政策》，提出了27条支持政策，批准建立由省发展和改革委员会牵头、相关省级部门参与的支持普洱市建设国家绿色经济试验示范区联席会议制度，协调推进试验示范区建设。普洱市立足于区位、生态、资源、文化优势，以建设国家特色生物产业、清洁能源、现代林产业和休闲度假四大绿色产业基地为着力点，以茶、林、电、矿、旅游五大支柱产业为突破口，着力实施建设国家绿色经济试验示范区八大重点工程，全力推进绿色转型发展，推出了一批独具特色的农业产业化项目，建成了普洱茶、咖啡交易中心，林下经济快速发展，生物多样性及环境保护得到加强，逐步将绿色资源优势转变为绿色发展优势。

（八）积极开展生态创建工作

大力推进生态创建工作。截至2014年，云南省累计建成85个国家生态乡镇、3个国家生态村以及8个省级生态文明县市区、430个省级生态文明乡镇和29个省级生态文明村。

## 三　配套政策不断完善

为了推进生态文明建设，近年来，云南省相继出台了一系列政策，生态文明建设的配套政策不断完善（见表5－2）。

表5-2　有关生态文明建设的云南省政策与法规

| 序号 | 政策名称 | 发文单位 | 发布时间 |
| --- | --- | --- | --- |
| 1 | 《中共云南省委关于深入贯彻落实习近平总书记考察云南重要讲话精神　闯出跨越式发展路子的决定》（云发〔2015〕9号） | 中共云南省委 | 2015年3月 |
| 2 | 《中共云南省委、云南省人民政府关于努力成为生态文明建设排头兵的实施意见》（云发〔2015〕23号） | 中共云南省委、云南省人民政府 | 2015年7月 |
| 3 | 《关于科学开展“多规合一”试点工作的指导意见》（云政发〔2015〕18号） | 云南省人民政府 | 2015年4月 |
| 4 | 《关于印发云南省城乡规划督察办法和云南省城市地下空间开发利用管理办法的通知》（云政办发〔2015〕52号） | 云南省人民政府办公厅 | 2015年7月 |
| 5 | 《关于进一步加强城乡规划工作的意见》（云政发〔2015〕51号） | 云南省人民政府 | 2015年7月 |
| 6 | 《关于促进非煤矿山转型升级的实施意见》（云政发〔2015〕38号） | 云南省人民政府 | 2015年5月 |
| 7 | 《关于推动产业园区转型升级的意见》（云政发〔2015〕43号） | 云南省人民政府 | 2015年7月 |
| 8 | 《关于印发云南省探矿权采矿权管理办法（2015年修订）和云南省矿业权交易办法（2015年修订）的通知》（云政发〔2015〕49号） | 云南省人民政府 | 2015年7月 |
| 9 | 《关于加快发展节能环保产业的意见》（云政发〔2015〕76号） | 云南省人民政府 | 2015年10月 |
| 10 | 《关于大力发展低能耗建筑和绿色建筑的实施意见》（云政办发〔2015〕1号） | 云南省人民政府办公厅 | 2015年1月 |
| 11 | 《关于进一步加强新时期爱国卫生工作的实施意见》（云政发〔2015〕77号） | 云南省人民政府 | 2015年10月 |
| 12 | 《云南省第二批节约型公共机构示范单位创建工作方案》（云政管发〔2015〕15号） | 云南省人民政府机关事务管理局 | 2015年3月 |

续表

| 序号 | 政策名称 | 发文单位 | 发布时间 |
|---|---|---|---|
| 13 | 《关于开展环境污染责任保险试点工作的通知》（云政办〔2015〕158号） | 云南省人民政府办公厅 | 2015年9月 |
| 14 | 《关于进一步加强林业有害生物防治工作的实施意见》（云政办发〔2015〕27号） | 云南省人民政府办公厅 | 2015年4月 |
| 15 | 《中共云南省委、机构编制办公室、云南省国土资源厅关于整合州县两级不动产登记职责和机构的通知》（云编办〔2015〕91号） | 中共云南省委、云南省机构编制办公室、云南省国土资源厅 | 2015年6月 |
| 16 | 《关于印发云南省清洁生产相关管理办法的通知》（云工信资源〔2015〕73号） | 云南省工业和信息化委员会 | 2015年3月 |
| 17 | 《关于印发云南省工业企业能效“领跑者”制度实施方案的通知》（云工信节能〔2015〕370号） | 云南省工业和信息化委员会 | 2015年7月 |
| 18 | 《云南省可持续发展实验区暂行管理办法》（云科社发〔2015〕1号） | 云南省科学技术厅 | 2015年1月 |
| 19 | 《关于印发〈云南省自然保护区管理机构管理办法〉（试行）的通知》 | 云南省财政厅、云南省机构编制委员会办公室、云南省林业厅 | 2014年12月 |
| 20 | 《云南省县域生态环境质量监测、评价与考核办法（试行）》 | 云南省财政厅、云南省环境保护厅 | 2015年7月 |
| 21 | 《云南省林业厅、云南省财政厅关于完善陡坡地生态治理相关政策的通知》（云林联发〔2015〕2号） | 云南省财政厅、云南省林业厅 | 2015年1月 |
| 22 | 《云南省国土资源厅、云南省林业厅关于印发云南省油气输送管道隐患整治攻坚战实施方案的通知》（云安〔2015〕1号） | 云南省安全生产委员会 | 2015年1月 |

续表

| 序号 | 政策名称 | 发文单位 | 发布时间 |
| --- | --- | --- | --- |
| 24 | 《云南省国土资源厅、云南省林业厅关于支持异地扶贫搬迁三年行动计划的十条意见》（云国土资规〔2015〕391号） | 云南省国土资源厅 | 2015年12月 |
| 25 | 《关于印发新能源公交车推广应用考核实施办法（试行）的通知》（云交运管〔2015〕1025号） | 云南省交通运输厅、云南省财政厅、云南省工业和信息化委员会 | 2015年12月 |
| 26 | 《关于贯彻执行〈建设项目使用林地审核审批管理办法〉的通知》（云林政〔2015〕28号） | 云南省林业厅 | 2015年11月 |
| 27 | 《关于加快推进新一轮退耕还林还草任务地块落实的通知》（云林联发〔2015〕27号） | 云南省林业厅、云南省农业厅、云南省国土资源厅 | 2015年8月 |
| 28 | 《关于建设文化农庄的指导意见》 | 云南省文化厅 | 2015年4月 |
| 29 | 《关于修订印发〈云南省民族传统文化生态保护区保护规划编制的指导意见〉的通知》（云文非遗〔2015〕1号） | 云南省文化厅 | 2015年2月 |

## 第二节　云南生态文明建设存在的问题

### 一　生态环境脆弱敏感

云南国土面积39.4万平方千米，山区占国土面积的96.4%，且约40%的土地坡度在25°以上，水土流失面积达10.96万平方千米，占全省国土总面积的27.8%，有滑坡、泥石流、崩塌等地质灾害隐患2万多处。岩溶面积占全省面积的28.1%，居全国第二位，石漠化尚未得到有效治理。连续干旱等严重自然灾害造成森林质量下降，森林生态系统功能减弱，局部地区自然湿地面积萎缩、湿地生态系统破碎化、生态功能退化问题尚未根本遏制，外来有害生物入侵的种类和范围呈逐年上升趋势。

截至2015年，云南省尚未开展自然资源资产负债编制工作。作为摸清自然资源资产“家底”的有效手段和实行领导干部自然资源资产离任审计的重要依据，编制自然资源资产负债表工作势在必行，在实际编制工作中存在诸多困难，使云南的自然资源资产负债表编制工作进展缓慢。一是编制工作涉及生态学、环境学、资源学、经济学、社会学等诸多学科，同时也涉及环保、国土、林业、水利、农业、能源等多个部门，编制和研究的复杂性不言而喻；二是编制工作在环境资产产权界定、环境容量资产核算、生态产品核算等相关技术方法上还存在一定难度；三是在国家层面和云南省层面，现行的自然资源与生态环境统计数据难以支撑编制工作。

### 二　发展方式较为粗放

工业结构不合理，过度依赖矿产、冶金、化工、电力等资源型产业，能耗强度高、资源利用效率低，近2/3的工业品单位产品能耗高于全国平均水平。云南省万元GDP综合能耗虽有所降低，但仍高于全国平均水平。云南工业固体废弃物的综合利用率为47.8%，仅为全国平均水平（64.3%）的74.3%。云南省经济成分中低端资源输出型和高耗能产业比重较大，技术水平低，经济发展的资源环境代价过大。

### 三　资源环境价值体现仍然有限

矿产、水、森林等资源价格形成机制尚未建立健全，导致价格未能反映资源的稀缺性和环境外部成本。资源有偿使用制度体系不健全，还有待于进一步完善。由于我国矿产资源收费标准偏低且固化，反映资源稀缺性和可耗竭性的跨代外部成本没有充分内部化等因素影响，云南现行矿产资源有偿使用制度对资源节约和生态环境保护的作用极其有限。近年来，云南的矿山生态环境治理投入主要来源于中央财政和企业投入，省级财政投入占比小，现有资金远不能满足矿山地质环境治理需要；同时，云南现行矿山环境恢复治理保证金制度因缴存额度不高、缺少相应鼓励政策措施等问题，导致矿山环境治理的经济效益不凸显或滞后，极易挫伤企业参与积极性。水资源有偿使用价值核算内涵较窄、定价标准偏低。一方面，水质作为水资源价值存在的核心，并没有在目前的水资源价值中充分体现；另一方面，水能作为水资源的重要组成，却出现了“水电低价”“水能资源无价”的情况。

### 四 深度贫困问题依然突出

云南省还处于工业化和城镇化发展初期，经济发展有待于提高。目前，全省贫困人口1000多万，居全国第二位，是我国扶贫攻坚的重要主战场之一。具体表现在：一是在全国的11个集中连片特殊困难地区里，云南涉及4个片区；二是三峡库区上游云南片区40个县中，有25个县是国家级重点扶贫开发县。由于云南省贫困面大，贫困程度深，脱贫任务艰巨，这些因素的交织成为云南省在富民强滇、促进边疆各民族人民团结和谐稳定、建设生态文明工作中必须面对的重大现实问题。

### 五 生态文明体制机制不健全

当前，云南在生态文明制度建设方面还存在以下问题，即资源有偿使用的法律法规体系不健全，自然资源权力和责任不明晰、不对等，主体功能区战略配套政策落实不到位，生态补偿力度不能满足平衡发展与保护的需求，对生态保护重要性认识不高，生态环保管理体制不顺和制度创新示范能力有待提升等。云南经济实力相对较弱，整体科技水平落后，技术研发能力有限，生态文明建设所需要的统计、监测、标准、执法等基础能力薄弱，从而对生态文明建设未能形成有效的技术保障。

### 六 生态环境补偿力度明显不足

国家生态转移支付范围有限、补偿领域窄，云南省级财政转移支付作用难以凸显、补偿手段较少。云南省特殊的生态功能地位使云南为生态保护牺牲了许多发展机会。而云南仅有18个县纳入国家级重点生态功能区，与省政府确定的44个生物多样性保护重点县之间数量差距较大，中央转移支付远未能满足云南对生态功能区补助的现实需求。在对重点生态功能区转移支付中，补助范围扩大到了 129 个县市区，但由于未能有效地根据各地生态恶化状况、农民对农地依赖程度、农业占总收入比重等标准进行有区别、分轻重的补偿，导致重点生态功能区转移支付政策与实际需求差距巨大，同时也与实际确定的生态功能区错位巨大，政策预期效应难以凸显。此外，云南生态补偿案例少、覆盖领域小，在重要生态功能区、重大资源开发地、重要江河流域、主要城市水源地、重点自然旅游景区等缺乏有效的生态补偿机制模式，补偿手段也较为单一，影响了生态补偿制度的有效实施。

## 七　生态环保管理体制仍需理顺

生态管理体制职能分散交叉导致权威性和有效性不充分。在现行的管理体制下，环保部门属地方政府职能机构，人事、经费和很多具体工作由地方政府决定，环保部门无法独立行使实施限期治理和停产治理等有效手段，一些地州尝试推行多部门联合执法，但是，由于环境监管执法还受到诸多外部因素制约，加上相关法律法规规定罚款数额远远低于污染治理成本，环保监督执法“手段软、力量小”问题仍然突出，面对一些对地方经济有贡献的“老大难”排污企业往往有心无力。此外，环境监管能力不能满足环境管理任务的需求、单一的目标总量控制机制不利于分类指导、生态环境损害赔偿责任者赔偿难落实等诸多问题仍然存在。

## 八　主体功能区配套政策落实难

财政、产业、环境等主体功能区战略配套政策严重滞后。虽然云南省就主体功能区战略实施进行了积极的尝试，开展了配套资金对生态功能区进行转移支付，云南主体功能区战略推进取得了一定的成效，但是，国家及省级相关配套政策的研究制定工作仍然相对滞后于规划的实施步伐。此外，绩效考核评价体系尚未建立健全、协同联动机制和政策合力尚未形成，这些因素都严重影响了规划的实施。

# 第六章　云南生态文明建设的总体思路及其道路选择

自2015年1月习近平总书记考察云南时提出希望云南建设成为生态文明的“排头兵”以来，云南全省上下积极行动，生态文明建设取得了显著进展，针对面临的问题与制约，需要我们进一步厘清云南生态文明建设的总体思路、主要目标及其推进路径。

## 第一节　云南生态文明建设的总体思路及主要目标

### 一　云南生态文明建设的总体思路

云南省全面贯彻落实党的十八大提出的“五位一体”总体布局，牢固树立尊重自然、顺应自然、保护自然的生态文明理念。一方面，坚持“节约优先、保护优先、自然恢复”为主的方针，抓住新一轮西部大开发和云南建设“两强一堡”的战略机遇，云南以改革创新为动力，以绿色循环低碳发展为途径，加快形成节约资源和保护环境的空间格局、产业结构、生产方式、生活方式，努力建设成为经济繁荣发展、自然环境优美、人民安居乐业、边疆民族和睦的七彩云南，为全国生态文明建设积累经验、提供示范。

### 二　云南生态文明建设的主要目标

符合主体功能定位的空间开发战略格局全面形成，产业结构进一步优化，可再生能源利用率居全国前列，资源利用效率大幅提高，生态环境质量全国领先，民族生态文化丰富多彩，生态文明制度体系更加健全，全面完成生态文明先行示范区各项目标，绿色发展、循环发展、低碳发展水平全面提升，成为全国生态文明建设“排头兵”。

资源利用更加高效。单位地区生产总值能源消耗、二氧化碳排放下降率完成国家下达的目标任务，水资源开发利用率达9.7%，工业固体废弃物综合利用率达56%，非化石能源占一次能源消费比重达36%以上，形成以大中型矿山为主体的绿色矿山建设新格局。

产业结构进一步优化。具体表现在：服务业增加值占地区生产总值（GDP）的比重达44%，战略性新兴产业增加值占地区总产值的15%。农产品中无公害、绿色、有机农产品种植面积比例达15%。

生态环境质量明显提升。化学需氧量等主要污染物排放总量完成国家下达的目标任务，空气质量指数（AQI）达到优良的天数占比达94%，水功能区水质达标率达87%，森林覆盖率和蓄积量分别达56%和18.5亿立方米，新增水土流失治理面积达2.9万平方千米。

## 第二节　云南生态文明建设的道路选择
## ——走绿色发展之路

### 一　云南在绿色发展方面的优势

#### （一）自然条件独特优越，资源禀赋良好

云南地处长江、珠江、澜沧江、怒江、伊洛瓦底江等国际国内重要河流的上游，是东南亚国家和我国南方大部分省区的生态安全屏障，也是我国乃至世界的生物多样性聚集区和物种遗传基因库。云南省自然资源丰富，森林[①]面积1818万公顷，居全国第三位；森林蓄积

---

① 森林被称作大自然的“调度师”“地球之肺”。主要是因为森林在生态环境方面具有以下五个方面的作用：一是涵养水源，保持水土；二是净化大气，保护大气层；三是防风固沙，调节气候；四是维持生物多样性；五是调节全球生态环境。它调节着自然界中空气和水的循环。每一棵树都是一个氧气发生器和二氧化碳吸收器，影响着气候的变化。同时，森林也保护着土壤不受风雨的侵犯，起着防风固沙的作用，涵养水源，防止水土流失，是一个巨大的“水库”，在水的自然循环中发挥重要的作用。森林还可以吸收二氧化碳、氯气、氟化氢等有害气体，减轻环境污染给人们带来的危害。在人类的经济社会发展中，森林提供着林木等大量的资源，供人类生产生活所需。

15.54 亿立方米，其中活立木总蓄积量 17.12 亿立方米，居全国第二位；森林年均净吸收二氧化碳达 4500 万吨，森林碳汇量居全国前列，湿地总面积 56.35 万公顷，其中自然湿地面积 39.25 万公顷，湿地类型和湿地物种的多样性居全国之首。

（二）经济社会发展稳步，发展方式转型加快

云南省经济快速良好发展。2013 年，实现地区生产总值 1.172 万亿元，第一产业、第二产业、第三产业比例由 2010 年的 15.3%、44.7%、40% 调整到 2013 年的 16.17%、42.04%、41.79%；2015 年，全省地区生产总值（GDP）达 13717.88 亿元，第一产业、第二产业、第三产业结构由 2014 年的 15.5%、41.2%、43.3% 调整为 2015 年的 15.0%、40.0%、45.0%。[①] 形成了烟草、生物资源开发、旅游、矿业和电力 5 大支柱产业的格局。电力、钢铁、有色、化工等产业的竞争力进一步提升，节能目标任务顺利完成。截至 2013 年，累计完成节能目标进度的 62.41%。低碳试点工作扎实推进，2013 年，非化石能源占一次能源消费比重达到 34%，提前三年完成了“十二五”目标任务。

（三）生态与环境保护成效显著，可持续发展能力逐步增强

云南省确立了“生态立省、环境优先”的战略思想，以污染减排约束性指标为抓手，全面实施七彩云南保护行动，以九大高原湖泊为重点的水污染综合防治进一步加强，以滇西北为重点的生物多样性保护取得积极进展，已建立各种类型、不同级别的自然保护区 157 个，总面积 282.53 万公顷，占全省国土总面积 39.4 万平方千米的 7.4%，已批建 8 个国家公园，建立森林公园 41 个、湿地公园 7 个，自然保护区数量居全国第六位。

（四）民族生态文化丰富多彩，人文环境和谐

云南民族文化厚重。截至 2015 年，少数民族人口占全省总人口的 33.57%[②]，云南是全国民族成分最多、特有民族最多、跨境民族最多、

① 云南省统计局、国家统计局云南调查总队：《云南省 2015 年国民经济和社会发展统计公报》，《云南日报》2016 年 4 月 18 日第 1 版。

② 云南省统计局：《2015 年云南省 1% 人口抽样调查主要数据公报》，《云南日报》2016 年 6 月 28 日第 3 版。

世居民族最多、人口较少民族最多的省份，孕育了具有浓郁民族特色和地方特点的生态文化。近年来，云南省不断地推动文化保护传承，弘扬光大民族生态文化。如保护民族传统文化的一种“整体性保护”实践：设立了国家级和省级传统文化生态保护区。目前，云南已有66个少数民族聚居村镇被云南省政府列为省级民族传统文化生态保护区。

## 二　谋划绿色发展空间布局

深入实施主体功能区战略。狠抓《云南省主体功能区规划》落实，着力构建“一核一圈两廊三带六群”区域发展新空间，推动形成区域协调发展新格局。积极申报调整对全国或较大范围区域生态安全有重要支撑作用的56个县市区为国家重点生态功能区，西双版纳州、玉龙县国家主体功能区建设试点示范方案获得批复。云南省政府出台了《关于科学开展“四规合一”试点工作的指导意见》，要求全省有条件的县市区加快开展国民经济和社会发展总体规划、城乡规划、土地利用总体规划、生态环境保护规划“四规合一”。成立云南省规划委员会，推进《云南省城镇体系规划（2015—2030年）》和滇中、滇西等城镇群规划获批并实施。

### （一）加快推进绿色城镇化

云南省政府出台年度加快推进新型城镇化的实施意见。加快推进曲靖市、大理市国家新型城镇化综合试点，红河州、隆阳区板桥镇列为第二批国家新型城镇化综合试点。推进城镇基础设施建设。2015年新建和改造城市供水管网1444.41千米，新建城市燃气管网2347千米，新建城市地下综合管廊25.88千米，新建城镇污水处理配套管网1273公里，开工建设297个建制镇“一水两污”项目，开工建设17座垃圾渗滤液处理设施。推进城市园林绿化和园林城市创建工作云南省累计创建19个国家园林城市（县城）、3个国家园林城镇、53个省级园林城市（县城）。云南省列入历史文化名城、名镇、名村、名街83个，其中，国家级名城6个，中国历史文化名镇7个，中国历史文化街区1个。

### （二）建设美丽乡村

云南省确定1000个省级重点建设村名单，精心编制实施方案，加快推进云南省第一批社会主义新农村省级重点建设村、美丽乡村建设。积极整合省级重点建设村、传统村落保护、少数民族特色村寨、民族特色旅游村寨相关项目资金，建成了一批传统生态型、古村落保护型、民族特色型不同风格的美丽乡村。大力整治村庄环境，4个县市纳入全国农村污水治理示范县市，采取多种模式处理村庄垃圾，实施“改房、改路、改水、改厕、改灶和治理脏、乱、差工程”，完成改造农村危房51.34万户。

## 三　推进绿色生产方式

进一步明确产业发展方向和重点，认真落实产业政策，严格节能评估审查、环境影响评价、用地预审、水资源论证和水土保持方案审查等制度，大力发展种养结合的高原生态特色农业，推进新型工业化发展，加快发展现代服务业，促进绿色产业发展，实现经济转型升级。努力把云南建设成为全国边疆脱贫稳定模范区，为国家边疆民族贫困地区实现和谐稳定富裕提供有效示范。

### （一）大力发展高原特色生态农业

重点发展生态种植业，抓好良种选育、高产创建、间作套种、水旱轮作、地膜覆盖、测土配方施肥等科技增粮措施，确保农业综合生产能力稳步提高。大力发展特色经济作物，发展烤烟、蔗糖、茶叶、花卉、水果、干果和无公害蔬菜等特色优势产业，提高农产品附加值。着力发展特色经济林、林下种植业、养殖业、采集业、森林旅游业等绿色富民产业，打造一批集林产品加工、研发、物流、商贸、信息为一体的林业产业园区。积极发展生态山地畜牧业，发展规模养殖和畜产品加工，建设生猪生产基地、常绿草地畜牧业基地、特色家禽生产基地和畜产品加工基地，构建现代畜牧业产业体系。培育发展农业庄园经济，建设高端精品农业庄园，打造集种植示范、产品研发、林业体验为一体的森林庄园。

### （二）积极推进新型工业化

#### 1. 以生物产业等为主发展战略性新兴产业

大力发展生物产业，全面推进以烟草、畜牧等为重点的12类优势生物产业发展，大力培育云茶、云花、云药、云菜等品牌，重点发展生物医药、生物化工、生物能源、生物农业和生物林业。培育节能环保和新能源产业，加快节能环保产品的开发、示范、推广和运用，推进太阳能光热光伏、风能开发。积极发展光电子、新材料产业和高端装备制造业，培育光伏、红外及微光夜视产业链，发展以基础金属特种新材料等为主的新材料产业和大型精密数控机床、烟草加工成套设备等高端装备制造业。依托滇中产业集聚区、昆明高新区等国家级开发区，研究推进云南省战略性新兴产业集聚发展试点示范，创建高水平国家新型工业化产业示范基地。

2. 以改造重化工业为主提升传统产业

运用先进适用节能低碳环保清洁技术，改造提升化工、钢铁、有色、建材、制糖等传统产业。着重发展黄磷和湿法硫酸精细深加工业及资源综合利用产业，延伸磷化工、盐化工产业链；提高钢铁产业集中度，推动钢铁产品产业优化升级；推广应用低硫制糖新工艺、全自动连续煮糖、烟道气余热利用、制糖过程“两化”融合控制系统技术。

3. 以严格产业政策为主抑制“两高”行业发展，加快淘汰落后产能

严格产业准入，强化新建项目节能评估审查和环境影响评价，健全项目审批、核准和备案制度，落实部分产能严重过剩行业产能等量或减量置换规定，严格控制高耗能、高排放行业产能过快增长，科学合理地承接东部产业转移。加快淘汰焦炭、铁合金、钢铁、有色金属、建材、轻工、纺织和化工等行业落后产能、工艺和技术设备，落实目标责任，完善落后产能退出机制，超额完成国家下达的淘汰落后产能任务。

（三）加快发展现代服务业

1. 发展生态友好型旅游业

充分发挥云南特色民族文化、历史文化、地域文化和自然资源优势，开发民族风情、休闲农业旅游、健身旅游、红色旅游等八大生态旅游产品。

2. 发展节能环保服务业

推进市场化节能服务体系建设，推行合同能源管理，扶持壮大

一批专业化节能公司，推进重点用能企业能源审计，构建节能技术转移平台。大力推进环境污染第三方治理，完善政策机制，加大支持力度，加强监督管理，鼓励有实力的企业通过竞争方式，获得市政污水处理厂、工业园区水处理、脱硫脱硝设施等运营权。推进环境咨询、清洁生产审核咨询评估、环保产品认证等环保服务业发展，加快培育环境监测与检测、风险与损害评价、环境审计等新兴环保服务业。

## 四 倡导绿色生活方式

### （一）绿色建筑

#### 1. 新建建筑节能情况

一是新建建筑节能有了设计标准。“十二五”期间，云南省不断加强新建建筑节能管理，实行强制与引导相结合的推广政策，出台了《云南省建筑节能施工图设计文件审查要点》《云南省民用建筑节能设计标准》（DBJ53/T－39－2011），全面落实新建建筑执行《云南省民用建筑节能设计标准》的节能审查，新开工房屋建筑工程进行施工图节能审查执行率达100%，竣工验收阶段执行建筑节能设计标准执行率达96%。

二是建立了全能耗建筑能效测评制度。2013年，制定了《云南省民用建筑能效测评标识管理实施细则》（云府登1094号），针对云南大部分属于温和气候区、采暖空调能耗低、太阳能资源丰富等特点，创建了全能耗评价体系，编制了《云南省民用建筑能效测评标志技术导则（试行）》（云建法〔2013〕400号）。为使设计单位快速计算建筑节能率、高效开展能效测评理论值标志工作，组织开发了《云南省民用建筑节能设计与能效测评软件》，与《云南省民用建筑能效测评标志技术导则》同步推广使用，使设计单位在设计阶段就能掌握建筑能耗水平，及时优化完善节能设计方案。按照《云南省民用建筑能效测评标志管理实施细则》和《云南省民用建筑能效测评标志技术导则》要求，培育了云南省建筑科学研究院和云南省建筑技术发展中心等8家技术依托单位，负责对规定建筑开展能效测评工作。从2014年起，绿色建筑和可再生能源应用示范建筑已经全部按照要求进行了能效测评。2014 年 11 月，昆明市建筑设计研究院有限责任公司业务办公楼成为云南省首个获得低能耗建筑理论值标志的项目，实现了云南省低能耗建筑零的突破。

2. 可再生能源建筑应用情况

可再生能源建筑应用重点开展了国家示范工作。截至 2015 年 10 月，云南省共有 5 市 4 县先后列入国家可再生能源建筑应用示范，全省示范任务面积共 1583 万平方米，已完成示范任务 88%；1 个产研化项目、10 个光电项目列入了国家示范。光热应用面积为 1733 万平方米，光热应用建筑面积 3151 万平方米；光电装机容量 9429. 85KWP；累计获得中央财政补助资金 4. 9 亿元，已拨付 4. 51 亿元。此外，云南省不断地健全组织机构，完善相关配套政策体系，加强监督管理，可再生能源建筑应用示范工作得到稳步推进。

3. 节能监管体系建设情况

公共建筑节能工作启动了建筑节能监管体系建设。2013 年，云南省获得 1000 万元中央补助资金，及时编制了《云南省国家机关办公建筑和大型公共建筑节能监管体系建设实施方案的通知》（云建法〔2014〕323 号）。启动民用建筑能耗统计、能耗分析工作，配套出台相关政策文件，积极推进既有建筑节能改造。同时，国家机关办公建筑和大型公共建筑节能监管体系建设不断推进，已完成了标准编制、软件开发、省级数据中心和省级数据分中心建设，昆明市和曲靖市数据中心建设已经完成方案编制，正在组织实施。云南农业大学、云南师范大学、云南财经大学和曲靖师范学院四所高校基本完成了节约型校园平台建设。

4. 绿色建筑推广情况

一是建立了绿色建筑评价标识管理制度。先后印发了《云南省一、二星级绿色建筑评价标志管理实施细则（试行）》（云府登 972 号）、《关于成立绿色建筑评价标志专家委员会的通知》（云建法〔2012〕591 号）、《关于公布云南省绿色建筑评价标志专家委员会第二批成员名单的通知》（云建法〔2012〕592 号）、《关于公布云南省一、二星级绿色建筑评价标志工作技术依托单位的通知》（云建法

〔2012〕623号）等系列文件，并获住房和城乡建设部批复开展云南辖区内一、二星级绿色建筑评价标志工作，建立了云南省绿色建筑评价标志制度。2015年1月，建立健全云南省绿色建筑评价标志体系。《云南省人民政府办公厅转发〈省发展改革委、省住房和城乡建设厅关于大力发展低能耗建筑和绿色建筑实施意见〉的通知》（云政办发〔2015〕1号）要求政府投资公益性建筑以及昆明市内大型公共建筑全面执行绿色建筑标准，城镇保障性安居工程执行一星级绿色建筑标准。2015年4月，省住房和城乡建设厅、省发展改革委和省政府机关事务管理局联合印发了《关于在政府投资公益性建筑和大型公共建筑中全面推进绿色建筑行动的通知》，将大型公共建筑全面执行绿色建筑标准的范围进一步扩展至各市州。

二是制定了《云南省绿色建筑评价标准》。2013年，颁布实施了《云南省绿色建筑评价标准》（DBJ53/T－49－2013），该标准在国标《绿色建筑评价标准》（GB/T 50378－2006）的基础上，充分考虑云南省山多地少、民族众多、地震多发、气候多样、水资源短缺、太阳能综合利用条件优越、紫外线辐射强度高七个方面的特色，有利于缓解云南城乡建设与发展中能源资源短缺矛盾。2015年，根据新修订的绿色建筑评价国家标准，颁布实施新修订《云南省绿色建筑评价标准》（DBJ53/T－49－2015），新地标采用了新国标《绿色建筑评价标准》（GB/T 50378－2014）的基本框架和条文，并保留了2013年版地标中的地方特色，符合绿色建筑发展趋势。

三是绿色建筑评价标志工作稳步推进。云南省37个项目获得绿色建筑评价标志，累计面积591.73万平方米。其中，住宅建筑15项，面积326.2万平方米，包括一星1项、二星5项、三星9项；公共建筑22项，面积265.53万平方米，包括一星7项、二星10项、三星5项。

四是有效地推动绿色生态城区建设工作。2012年，昆明市呈贡新区列入全国首批绿色生态示范城区，目前正按照国家要求推进建设工作，计划年底验收。2014年，五华泛亚科技新区成立了管理委员会，规定新建建筑全面执行绿色建筑标准；11月，按照绿色生态示范城区建设要求编制了专项规划，上报了申报材料，并获得住房和城乡建设部评审通过。

（二）绿色交通

“十二五”期末，云南省清洁能源和新能源公交车比重达到20%，普通国省干线公路大中修废旧沥青路面材料循环利用率达60%以上，节能照明隧道改造21座，新建高速公路隧道节能照明灯具使用率达100%。云南省营运性公路载客、货汽车，汽、柴油综合燃料单耗每百吨公里降至7.8升；内河船舶运输燃料单耗每千吨千米降至34千克，与2010年比，年均下降2%。行业节能减排意识进一步增强，低碳交通理念更加深入人心，能耗排放统计、监测、考核有效实施。此外，还出台了关于加快新能源汽车推广的若干意见。

（三）绿色消费

“十二五”期间，云南省着力推进低碳产品认证工作。研究制订了《云南省低碳产品认证实施方案》，开展花卉、普洱茶、苹果等高原特色农产品和电解铝等优势工业产品的低碳标准和认证制度研究，组织了全省低碳产品认证宣贯会，在硅酸盐水泥、平板玻璃、中小型三相异步电机、铝合金建造型材等行业的重点企业开展试点，扶持引导相关企业获得低碳产品认证，目前云南省有云南远东水泥有限责任公司、华新红塔水泥（景洪）有限公司、曲靖市宣威宇恒水泥有限公司、哈尔滨电机厂（昆明）有限责任公司4家企业获得15张国家低碳产品认证证书，获证企业数量和证书数都居全国前列，引导了绿色低碳消费。

**五　确立绿色考核导向**

制定《贯彻〈党政领导干部生态环境损害责任追究办法（试行）〉实施细则》，提出生态环境损害责任追究的适用范围、追责情形、追责形式、追责主体、成果运用等，从制度上严防各级领导干部盲目决策造成生态环境的严重损害。制订《云南省自然资源资产负债表试点方案（试行）》和《云南省关于贯彻落实〈开展领导干部自然资源资产离任审计试点方案〉的工作方案》，积极探索推进自然资源资产负债表编制试点和领导干部自然资源资产离任审计试点。加大生态文明建设考核力度，将资源消耗、环境损害、生态效益等情况纳入领导班子和领导干部政绩考核内容。实行差异化考核，对限制开发区和生态脆弱的19个一类贫困县取消GDP考核，对二类贫困县弱化GDP考核。

## 六 坚持以绿色发展为引领，高位推动生态文明建设

云南具有丰富的自然资源和良好的生态环境，绿色发展条件较好，潜力巨大。党中央、国务院十分关心云南生态文明建设。2015年1月，习近平总书记考察云南，希望云南努力成为中国生态文明建设“排头兵”。指明了云南省生态文明建设的努力方向，寄予了云南依托自然生态优势，探索绿色跨越发展道路的殷切期望。

云南省坚持高位推动生态文明建设，具体表现在：一是成立了由省委书记任组长的生态文明建设“排头兵”工作领导小组；二是建立了联席会议制度、简报制度、督察制度；三是建立健全了工作推进机制，形成了工作合力，有效地促进了各项工作任务和制度建设内容的落实。在此期间，如云南省委书记、省长多次带队调研洱海、滇池流域生态建设和环境保护工作，召开现场推进会研究部署。省政府召开了九大高原湖泊水污染防治工作会议。2015年以来，云南省坚持高屋建瓴布局，高层倾力推动，生态文明建设蹄疾步稳，勇毅笃行。

## 七 坚持建好国家生态安全屏障，持续推进森林云南建设

### （一）加快推进退耕还林还草

根据第二次全国土地调查、年度变更调查及完善土地利用总体规划，目前云南省25度以上坡耕地面积仍有1250万亩，其中，基本农田878万亩，非基本农田372万亩。以上耕地均为低产、陡坡及不宜耕作的耕地，同时也是加剧水土流失和石漠化的重要原因。基于云南生态区位重要、生态建设和生态修复任务繁重，省委、省政府决定启动实施陡坡地生态治理工程。2014年，国家实施新一轮退耕还林政策，项目覆盖昆明、昭通等14个市州。2015年，经过省委、省政府主要领导多次带队到国家有关部委衔接争取，国家有关部委加大了对云南退耕还林还草工作的支持力度，2015年云南新一轮退耕还林还草任务160万亩，其中，还林145万亩，还草15万亩，项目覆盖到15个市州。

通过2000年以来先后实施第一轮、第二轮退耕还林还草工程，

累计完成营造林 242.3 万公顷。2015 年全省森林面积 1992.4 万公顷，森林蓄积 17.68 亿立方米，实现森林覆盖率、面积和蓄积量“三增长”，为云南生态环境改善、产业结构调整、助农增收致富做出了突出贡献。

（二）率先探索国家公园管理体制

2008 年启动国家公园建设试点工作。同年，经省编办批准，在省林业厅设立了省国家公园管理办公室。截至目前，云南省已成立了 8 个国家公园。2015 年 1 月，国家发展改革委等 13 个部委联合印发了《建立国家公园体制试点方案》（发改社会〔2015〕171 号），明确将包括云南省在内的 9 个省区列为全国建立国家公园体制试点。2015 年 3 月，经报请省政府同意，选择将普达措国家公园列为云南省参加国家公园体制试点区域。省国家公园管理办公室牵头，2016 年 1 月 26 日，省政府将《云南省国家公园体制试点实施方案》上报了国家发展改革委。

从 2008 年开始探索国家公园管理体制以来，云南省立足自然资源禀赋，在国家公园管理体制、标准制定、体制创新等方面做了积极的探索。

（三）石漠化综合治理取得新成效

自 2008 年国家启动石漠化综合治理以来，云南石漠化治理工作取得了显著成效。2012 年《云南省石漠化状况公报》显示，与 2005 年相比，云南省石漠化面积减少 6.2 万公顷，石漠化扩展的趋势得到有效遏制。同时，推动建设水利水保设施，实现了从源头上治理澜沧江、怒江、元江等河流，使流域生态和环境得到明显改善，有利于对我国生物多样性和生物物种基因库的保护，为长江、珠江中下游地区国土安全提供了坚实的生态保障。

## 八　坚持流域共治，重点流域水污染防治成效显著

以九湖为重点的水污染防治工作，坚持一湖一策、分类施策，持续加强九湖水污染防治。

（一）坚持规划先行

“十二五”期间，云南省发展改革委牵头编制了《重点流域水污

染防治规划（2011—2015 年）》《珠江流域（云南部分）水污染防治“十二五”规划研究报告》《三峡库区及其上游水污染防治规划（修订本）》及《滇池流域水污染防治规划（2011—2015 年）》等，始终坚持先规划，后建设。

（二）推进重大项目实施

“十二五”期间，九湖规划 292 个项目，总投资为 548.99 亿元。省发展改革委着力推进重点流域城镇生活、污水垃圾处理设施建设。截至 2014 年年底，珠江流域所有县级及以上城市均建设有污水处理厂及生活垃圾处理场，其中，污水处理厂 27 座，总处理能力约 53 万立方米/天；生活垃圾填埋场 15 座，总处理能力约 2050 吨/天。截至 2014 年年底，滇池流域完成规划项目 54 项，完成投资 271 亿元，其中，仅环湖截污工程一项就建设截污主干管渠 97 千米及 10 座污水处理厂，同时在昆明主城区建成 17 座雨污调蓄池，收集储存 21.24 万立方米雨、污混合水，敷设 930 千米市政排水管网，主城建成区的污水收集率达到 92%。

通过深入持续推进重点流域水污染防治，“十二五”期间，云南省珠江流域、三峡库区上游流域和滇池流域的化学需氧量（COD）、氨氮（NH3 - N）排放总量持续削减，主要河流水系干流水质相对稳定，各重点区域水质达标率大幅提高，水环境质量得到持续改善。珠江流域共 29 个监测断面，其中达到Ⅲ类水质标准及其以上的有 19 个，比“十一五”期间增加 5 个，提高 26%；Ⅴ类及劣Ⅴ类的为 4 个，比“十一五”期间减少 6 个，减少 150%。三峡库区及其上游流域共 59 个监测断面，其中，达到Ⅲ类水质标准及其以上的为 34 个，比“十一五”期间增加 12 个，提高 34%；Ⅴ类及劣Ⅴ类的为 17 个，比“十一五”期间减少 6 个，减少 35%。滇池流域水质类别为劣Ⅴ类，但“十二五”期间五日生化需氧量指标由Ⅳ类上升为Ⅲ类，高锰酸钾指数由Ⅴ类上升为Ⅳ类，总氮指标由劣Ⅴ类变为Ⅴ类。

## 九　坚持推进产业转型升级，着力构建绿色产业体系

云南省努力把生态优势转化为产业发展优势，坚持以科技创新为动力，以实施重大项目为抓手，以创新体制机制为保障，着力构建以

新型工业化为核心、高原特色农业和现代业为重点的绿色产业体系。出台一系列配套政策，如《关于加快工业转型升级的意见》（2015）和《关于促进我省生产性服务业发展的意见》（2015）。具体来说，就是加快发展高原特色现代农业，持续推动战略性新兴产业发展。

## 十　坚持低碳循环发展，全面推进资源节约集约利用

### （一）扎实推进节能减排

坚持能耗排放做“减法”，绿色发展做“加法”，进一步建立完善了节能减排责任落实机制。“十二五”期间，国家下达云南省节能目标是：到2015年，全省单位生产总值能耗较2010年下降15%，截至2014年，全省单位GDP能耗累计下降12.93%，2015年单位GDP能耗预计下降7.8%左右，可超额完成国家下达云南省的“十二五”节能目标。2015年，全省预计能源消费总量同比增速0.3%，超额完成国家下达目标任务。

“十二五”期间，国家下达云南省减排目标是：到2015年，全省化学需氧量、氨氮、二氧化硫、氮氧化物排放总量分别较2010年减少6.2%、8.1%、4.0%、5.8%。2015年，全省化学需氧量排放量为50.86万吨，与上年相比下降4.72%；氨氮排放量为5.43万吨，同比下降3.88%；二氧化硫排放量为56.32万吨，同比下降9.97%。

### （二）深入推进低碳试点省建设

2010年，云南省被列入国家首批低碳试点省，重点任务是控制温室气体排放、推进低碳发展、探索尽快达到碳排放峰值的有效路径。“十二五”期间，提前两年完成了“十二五”碳强度下降16.5%的目标任务，连续三年在国家碳强度降低目标责任考核中被评为优秀。全面启动了重点企（事）业单位温室气体排放报告制度建设，组织实施一批低碳产业园区、低碳社区、低碳学校和低碳城镇示范项目；低碳产品认证试点工作成效显著，获证企业数量居全国前列。

### （三）大力发展循环经济

积极推进普洱市建设国家绿色经济试验示范区，云南省政府出台了《支持普洱市建设国家绿色经济试验示范区建设若干政策》。推进资源综合利用“双百工程”，指导个旧市着力创建国家资源综合利用

示范基地，指导云锡集团、云铜集团着力创建国家资源综合利用骨干企业。积极推进园区循环化改造，昆明高新区列为国家园区循环化改造试点。建立最严格的水资源管理制度，在水利部对云南省2014年度落实最严格的水资源管理制度考核中，成绩排在全国第六名。健全国土资源节约集约利用制度，积极推进保护坝区农田、建设山地城镇工作，累计开发低丘缓坡土地11.03万亩，完成闲置土地处置面积15345亩。实行最严格的耕地保护制度，大力提高耕地占补平衡质量，完成全省7892万亩基本农田划定工作，启动全省永久基本农田划定试点工作。

（四）大力发展清洁能源

清洁能源开发利用走在全国前列，是全国外送清洁能源第二大省份。2015年，云南省累计装机8000万千瓦，清洁能源装机占82%，其中，水电5798万千瓦，燃煤公用火电及综合利用电厂1422万千瓦，新能源装机780万千瓦（风电630万千瓦、太阳能150万千瓦）；可再生电力发电量2318亿千瓦时，省内用电量1453亿千瓦时，其中90%为清洁能源；东送外送电量1130亿千瓦时，占省内用电量近80%。成为全国首批电改试点省，积极推进电力体制改革，组织富余水电市场化消纳，2015年交易电量超过300亿千瓦时。

# 分 论 篇

# 第七章　云南主体功能区建设

2010年12月21日，国务院印发了《全国主体功能区规划》，这是我国国土空间开发的战略性、基础性和约束性规划。《全国主体功能区规划》的实施是深入贯彻落实科学发展观的重大战略举措，对于推进形成人口、经济和资源环境相协调的国土空间开发格局，加快转变经济发展方式，促进经济长期平稳较快发展和社会和谐稳定，实现全面建设小康社会目标和社会主义现代化建设长远目标，具有重要战略意义。

## 第一节　发展成果

### 一　主体功能区建设依据

2010年12月21日，国务院印发了《全国主体功能区规划》，这是我国国土空间开发的战略性、基础性和约束性规划。规划的实施是深入贯彻落实科学发展观的重大战略举措，对于推进形成人口、经济和资源环境相协调的国土空间开发格局，加快转变经济发展方式，促进经济长期平稳较快发展和社会和谐稳定，实现全面建设小康社会目标和社会主义现代化建设长远目标具有重要的战略意义。同时，《全国主体功能区规划》的印发也为云南省主体功能区建设提供了参考依据。

### 二　云南主体功能区建设成果

2014年1月6日，云南省政府正式印发了《云南省主体功能区规划》，对未来全省土地空间开发做出总体部署，并根据云南省不同区域的资源环境承载能力、现有开发密度和未来发展潜力，划分了重点开发区域、限制开发区域和禁止开发区域三类主体功能区（见表7-1），计划逐步形成人口、经济、资源环境相协调的空间开发格局。确立了云南省国土空间开发格局：以加快推进滇中城市经济圈一体化建设为核心，以沿边对外开放经济带的口岸和重点城镇作为对外开放的新窗口，以滇中、滇西、滇东南、滇西北、滇西南和滇东北六大城市群建设为重点，努力构建"一圈一带五群七廊"城镇化格局。以重点生态功能区为主体，以禁止开发区域为支撑，构建青藏高原南缘生态屏障、哀牢山—无量山生态屏障、南部边境生态屏障、金沙江干热河谷地带、珠江上游喀斯特地带为核心的"三屏两带"生态安全战略格局。充分发挥资源优势，结合地形地貌特点，以农产品主产区为主体和其他功能区为重要组成部分，发展各具特色的农庄经济，构建滇中、滇东北、滇东南、滇西、滇西北和滇西南六大区域板块高原特色农业战略格局。

**表7-1　云南省主体功能区规划**

| | 云南省主体功能区规划 |
|---|---|
| 重点开发区域 | 国家层面重点开发区域为滇中地区昆明、玉溪、曲靖和楚雄4个市州的27个县市区和12个乡镇，按行政区统计面积为4.91万平方千米，占全省面积的12.5%。云南省级层面集中连片重点开发区域为滇西、滇西北、滇西南、滇东南和滇东北地区，共涉及16个县市区，按行政区统计面积为3.66万平方千米，占全省面积9.3% |
| 限制开发区域 | 包括农产品主产区和重点生态功能区两部分：<br>农产品主产区：分布于滇西德宏和临沧、滇南普洱、滇东曲靖及滇中玉溪等地区。国家层面包括49个县市区。省级层面包括分布在重点开发区域和重点生态功能区的基本农田，以及农垦区、林木良种基地等零星农业用地。按行政区统计面积为15.9万平方千米，占全省面积的40.3%<br>重点生态功能区：分布于滇西北、滇东南及滇东地区，包括38个县市区和25个乡镇，其中国家级包括18个县市区，省级包括20个县市区和25个乡镇。按行政区统计面积为14.93万平方千米，占全省面积的37.9%，其中国家级占21.9%，省级占16.0% |
| 禁止开发区域 | 包括自然保护区、世界遗产、风景名胜区、森林公园、地质公园、城市饮用水水源保护区、湿地公园、水产种质资源保护区、牛栏江流域上游保护区水源保护核心区，总面积为7.68万平方千米，占全省面积的19.5%，呈斑块状或点状镶嵌在重点开发和限制开发区域中 |

资料来源：《云南省主体功能区规划》。

之后，云南省委、省政府狠抓《云南省主体功能区规划》落实，推动形成区域协调发展新格局，积极申报调整对全国或较大范围区域生态安全有重要支撑作用的56个县市区为国家重点生态功能区，西双版纳州、玉龙县国家主体功能区建设试点示范方案获得批复。

2015年4月11日，云南省政府出台了《关于科学开展“四规合一”试点工作的指导意见》（云政发〔2015〕18号），要求充分认识“四规合一”工作的重要性，要求全省有条件的县市区加快开展国民经济和社会发展总体规划、城乡规划、土地利用总体规划、生态环境保护规划“四规合一”。成立云南省规划委员会，《云南省城镇体系规划（2015—2030年）》和滇中、滇西等城镇群规划获批并实施。

## 第二节　存在问题及重点发展方向

虽然云南省就主体功能区战略实施进行了积极尝试，开展了配套资金对生态功能区进行转移支付，云南主体功能区战略推进也取得一定的成效，但是，国家及省级相关配套政策的研究制定工作仍然严重滞后于规划的实施步伐。此外，绩效考核评价体系尚未建立、协同联动机制和政策合力尚未形成，也是影响规划实施效力的重要制约因素。总体来看，实施主体功能区规划战略的困难和问题仍然非常突出。

### 一　开发区发展方向

构建“一区、两带、四城、多点”一体化的滇中城市经济圈空间格局。加快滇中产业聚集区规划建设，促进形成昆（明）曲（靖）绿色经济示范带和昆（明）玉（溪）旅游文化产业经济带，重点建设昆明、曲靖、玉溪、楚雄4个中心城市，将以重点城市和小城镇打造为经济圈城市化、工业化发展的重要支撑。

### 二　限制开发区发展方向

打破行政区划，推进优势农产品向优势产区集中，建设一批特色产业的规划、集约化基地，尽快形成一批优质特色农产品产业群、产业带，加快特色产业发展，推进现代农业建设。

稳定粮食种植面积，努力提高粮食单产，加大对粮食生产的扶持力度，建设一批基础条件好、生产水平高的粮食生产基地。

加快无公害蔬菜、高档花卉、优质烟叶、优质稻米、优质畜产品和优质水产品等高原特色农业发展，建设规模化、标准化、集约化原料基地，提高农产品质量。

大力实施退耕还林、绿化荒地，恢复林草植被。切实加强农业基础设施、装备建设。合理确定适宜渔业养殖的水域、滩涂，大力发展水库、坝塘、稻田水产养殖业。

**三　重要生产功能区发展方向**

根据主体功能区划的原则，结合省情的现实基础，云南省重点生态功能区主要划分为水源涵养型、水土保持型和生物多样性保护型三种类型。

（一）水源涵养型

着力推进天然林保护和退耕还林，治理水土流失，维护或重建湿地、森林等生态系统。对具有水源涵养功能的自然植被严加保护，对过度放牧、无序采矿、毁林开荒等行为，要坚决禁止。进一步加强江河源头及上游地区的小流域治理和植树造林，减少春风满面污染。禁止开垦草原（草甸），实行禁牧休牧和划区轮牧，稳定草原面积，建设人工草地。

（二）水土保持型

进一步加大推行节水灌溉和“五小”水利工程建设的力度，发展旱作节水农业，杜绝陡坡垦殖。加大对小流域综合治理的力度，实行封山禁牧，恢复退化植被。进一步加大对能源和矿产资源开发及建设项目的监管力度，进一步加大对矿山环境整治和生态修复力度，最大限度地减少人为因素造成新的水土流失。

（三）生物多样性保护型

禁止对野生动植物进行滥捕滥采的活动，保持并恢复野生动植物物种和种群的平衡，从而实现野生动植物资源的有效保护和永续利用。加强防御外来物种入侵的能力，在重点地区和重点水域建设外来物种监控中心和监控点，防止外来有害物种对生态系统的侵害。在重要流域及湖泊，加强水域生态环境保护建设，开展水域生态修复，根据各种水生野生动物濒危程度和生物特点，加大渔业资源人工增殖放流力度，设立禁渔区和禁渔期，对其产卵群体等实行重点保护。

## 四　禁止开发区的主要任务

### （一）加大生态建设

在禁止开发区域，要加大退耕还林和水土保持生态修复力度，提高森林覆盖率，恢复生态系统功能，扩大环境容量。加强天然林保护、天然湿地保护、封山育林、植树造林和预防森林火灾、防治病虫害等措施。积极推进自然保护区以及重要野生动植物分布区的原生态系统保护和退耕生态系统恢复工作。对于生产开发造成生态退化的区域，必须明确责任，限期恢复自然特征和生态特征。对于因历史和自然原因造成生态退化的地区，要采取各种措施，积极实施抢救性保护工程，努力重建原有生态功能。

### （二）加快人口有序转移

为了减轻经济开发对禁止开发区域资源环境的破坏，通过开展禁止开发区域的职业教育和技能培训，提高劳动者跨区域就业的能力。加快禁止开发区域移民搬迁，将不适宜居住和开发的区域、水源保护区域、森林和野生动植物保护区域的居民外迁。重点推进自然保护区尤其是核心区人口的平衡搬迁，减少社区居民对自然保护区的干扰和破坏。

### （三）加强法律保护

对禁止开发区域严格实行依法保护，凡一切不符合区域功能定位的开发建设活动，一律禁止。承担一定旅游功能的禁止开发区域，必须服从保护自然资源和文化遗产的主体功能，严禁以旅游开发的名义搞大兴土木工程。

### （四）加大扶贫力度

在禁止开发区域，要始终坚持开发式扶贫的方针，因地制宜地继续搞好整村有序推进、贫困劳动力的转移培训。着力解决禁止开发区域贫困人口的民生问题，努力提升低收入群体的收入水平和生活水平。

（五）发展生态旅游

科学开发、合理有序发展禁止开发区域的生态旅游。在“保护优先，开发有序”原则下，秉承生物多样性为基础，文化多样性为灵魂，环境友好为要求，科学编制生态旅游发展的规划，调整优化产业结构，转变经济增长方式，对禁止开发区域科学、合理开发，促进人与人、人与自然和谐发展。

# 第八章 云南循环经济发展

## 第一节 循环经济概述

### 一 循环经济的内涵

循环经济的思想萌芽可以追溯到环境保护兴起的20世纪60年代。当时美国经济学家K. 鲍尔丁提出了“宇宙飞船理论”[1]，可以作为循环经济理论最早雏形。循环经济的本质是生态经济，是以生态价值为核心的新的发展观实现的基本路径，它既是一种科学的思想理念，又是一种先进的经济模式。其特征表现为“两低两高”，即低消耗、低污染、高利用率和高循环（见图8－1）。

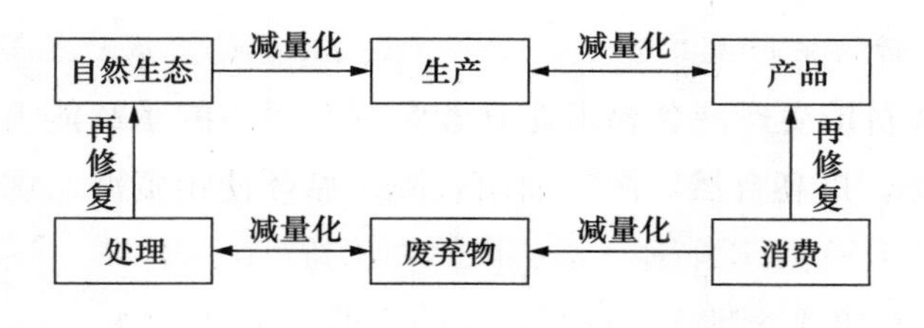


图8－1 循环经济示意

① 宇宙飞船理论认为，地球就像在太空中飞行的宇宙飞船，要靠不断地消耗自身有限的资源而生存，如果人们像过去那样不合理地开发资源、破坏环境，超出了地球的承载能力，就会像宇宙飞船那样走向毁灭。为此，人们必须在经济过程中认识到资源环境枯竭与环境问题的严峻性，并且思考以一种新的“循环经济”代替旧的“单程式经济”，从依赖于资源消耗的线性增长模式转变为依靠生态型资源循环来发展经济。

循环经济是发端于传统的线性经济，是对线性经济、末端治理等传统经济发展模式的反思，是一种先进的经济形态。

## 二 循环经济的特征

循环经济不仅可以减少温室气体排放和其他污染物排放，而且可以在生产、流通、消费全过程的资源节约和充分利用中，倡导资源的重复利用。循环经济作为一种科学发展观和一种全新的经济发展模式，具有自身的独立特征。具体表现在以下五种观念。

### （一）新的系统观

循环是指在一定系统内的运动过程，循环经济的系统是由人、自然资源和科学技术等要素构成的大系统。因此，循环经济的发展遵循的是一个新的系统观。

### （二）新的经济观

循环经济观要求运用生态学规律来指导经济活动。只有在资源环境承载力内的良性循环，才能使生态系统平衡地发展。因此，循环经济的发展破除了传统的经济发展观，而是一种新的经济观。

### （三）新的价值观

循环经济在考虑自然时，把自然作为人类赖以生存的基础，是需要维持良性的生态系统，把自然价值，生态价值纳入人类的价值观之中。

### （四）新的生产观

循环经济的生产观念要求充分考虑自然生态的承载能力，尽可能地节约资源，提高自然资源的利用效率，循环使用资源，创造良性的社会财富。

### （五）新的消费观

循环经济提倡物质的适度消费、层次消费，在消费的同时充分考虑废弃物的资源化，建立循环生产和消费的观念。同时，要求消费的可持续性，主张破除和限制不可持续的生产与消费。

## 三 循环经济的原则

循环经济遵循“3R”原则，即减量化原则（Reduce）、再利用原则（Reuse）和再循环原则（Recycle），三者之间的优先顺序是：减量化—再利用—再循环。具体来讲，减量化原则就是减少进入生产和消费流程的物质量，是循环经济的第一法则。因此，减量化原则也被称作减物质化，针对输入端，将重点放在通过预防的方式预防废弃物的产生，而不是以末端治理的方式加以避免。再利用原则就是延长产品和服务的时间强度。再循环原则即提高废弃物品的综合利用效率。

## 四　循环经济发展的基本思路

### （一）进行制度创新

循环经济的发展需要改变现有利益格局，把生态环境和基本资源作为生产要素，使其进入市场“流通”，明确生态环境和基本资源的产权关系，并规定其交易和补偿机制。

### （二）选择优先领域

建设生态文明就是建设生态和谐、经济和谐、社会和谐相统一的现代文明；发展循环经济，就是发展生态效率、经济效率、社会效率相统一的现代经济。从某种意义上说，环境问题即消费问题。消费行为无时无刻不在对环境产生着影响。因此，从环境保护出发，人们开始反思，什么样的消费行为值得提倡，值得鼓励推广；什么样的消费行为则必须抵制与反对，并在更为广阔的范围内做出自己的选择。

发展循环经济，涉及资源节约、清洁生产、生态工业、循环社会等方方面面。由于对循环经济的认识不足，发展循环经济，在主导产业的选择上，应当以当地的优势产业为主，优先发展清洁生产，把鼓励相应的补充产业作为重点。

### （三）建立伦理体系

发展循环经济要得到公众的理解和支持，循环经济涉及生产和生活的所有领域，与全社会的所有人的利益都密切相关。

发展循环经济是建设生态文明的必然要求，建设生态文明也需要发展循环经济作为实践支撑；循环经济可以成为推动生态文明建设的抓手、途径和载体。同时，全社会生态文明意识和建设水平的提升，也有利于更好地促进循环经济的深入发展。

## 第二节 发展成果

自“十一五”时期以来，云南省逐渐将循环经济理念引入到社会发展模式当中，改变长期以来高消耗、低效率的发展方式，历时十几年后，云南省资源有效利用率明显提高，循环经济发展有序进行，具体取得的发展成果有以下四个方面。

### 一 循环发展理念逐步树立

云南省在坚持节约资源基本国策的前提下，把发展循环经济纳入全省国民经济和社会发展规划纲要，作为实现绿色发展、跨越发展的重要抓手和基本路径。云南省制定了涵盖废旧物资综合利用、废弃物处理、清洁生产、可再生能源开发利用等方面的政策文件，各级各部门建立健全工作机制，通过开展节水型社会建设、七彩云南保护行动、全民节能行动、公共机构节能示范单位创建等系列活动，并定期举办节能宣传周和低碳日、节约用水宣传周、生态环保宣传等活动，这些活动的开展，使组织实施循环经济的主动性和积极性不断增强，发展循环经济不仅成为社会各个阶层的共识，更成为全社会的共同行动。

### 二 试点示范工作成效明显

在重点地区、领域和行业云南有 4 个市县、1 个园区、4 家企业列入国家循环经济试点示范，47 个地区、园区、企业列入省级循环经济试点，形成了多方位、多层次的试点体系；全省多个市州创建成为国家再生资源回收体系建设试点城市、国家餐厨废弃物资源化利用和无害化处理试点城市、国家可再生能源建筑应用示范城市、国家城市矿产示范基地，探索出适合地方发展特点的循环经济发展之路。通过试点，省内企业、园区和社会三个层面的循环经济发展体系已初步建立，形成了一批发展循环经济的模式经验，其中，云南驰宏锌锗循环经济发展模式成为全国循环经济典型模式案例。

### 三　资源利用水平不断提升

云南省鼓励和支持重点领域及行业开展资源综合利用工作，利用规模不断扩大，利用途径不断拓宽，产业化进程正逐步加快。重点行业资源综合利用水平提升明显：化工行业“三废”利用水平不断提高，其中发生炉煤气或炉渣、黄磷炉渣利用率分别达到45%和80%；建材行业资源综合利用能力不断提高，煤矸石利用量已占全国50%以上，粉煤灰利用量占全国30%以上；矿冶行业发展逐步绿色化，云南省共有国家级绿色矿山试点单位28家，其中云南锡业集团作为我国最大的锡矿企业，矿山资源采选综合利用率已超过90%；制糖行业实现废料“吃干榨尽”，蔗渣、糖泥综合利用率基本达到100%，废醪液、废蜜综合利用率分别达到90%、80%，农业循环模式得到普遍推广，通过推进秸秆、畜禽粪便、废农膜等农业废弃物综合利用，目前云南省秸秆综合利用率已达到60%，农村户用沼气累计保有量318.5万户。

### 四　技术支撑能力稳步增强

云南省加大了循环经济关键技术研发和推广力度，支持了一批节能减排关键共性技术研发，实施了一批循环经济技术产业化示范项目，通过重点行业企业重大技术改造工程、重点产业创新工程、节能减排科技创新工程、农业科技创新工程、创新型企业培育工程、创新平台建设工程等系列工程的开展，循环经济发展技术支撑能力得到稳步增强。部分有色金属综合回收利用工艺达到国内领先水平，以云南驰宏锌锗、云南祥云飞龙等为代表的多项研发技术获得了国家、省的奖励。

## 第三节　存在问题及重点发展方向

### 一　存在的问题

#### （一）资源环境约束日益趋紧

“十二五”时期以来，新型工业化和城镇化的发展不断改变资源环境投入结构，而人口数量的增长和生活水平的提高，云南省固有的资源环境要素结构和长期开发造成的消耗，决定了云南经济社会发展过程中始终面临着来自资源环境方面的不断挑战。云南省的产业结构基本上以资源初加工为主，粗放的资源开发和加工利用方式造成资源产出率低、污染物产生量大、环境破坏严重等多类问题，特别是在昆明、曲靖、玉溪、红河和大理等经济社会发展水平较高、对资源需求较大的地区问题更为突出。“十三五”时期是云南省全面实现小康社会的关键时期，云南省将充分发挥面向南亚、东南亚的地缘优势，积极融入国家“一带一路”建设，抓住长江经济带建设等重大机遇，加快建设滇中等六大城市群，大力发展能源、交通等基础设施，对水、土地、能源的消耗仍将保持快速增长态势。从环境质量来看，云南全省六大水系当前都存在不同程度的水环境污染问题，九大高原湖泊地区更为突出；潜在的大气污染日益突出，大气污染逐步向复合型污染转变，大气环境压力进一步增大；局部区域土壤污染严重，已不同程度地影响了食品安全和环境安全，在原有环境污染问题尚未得到根本解决的同时，新型环境问题日益凸显。在资源短缺和环境污染双重压力下，资源节约型和环境友好型的经济发展方式成为必然的选择，循环经济作为绿色、生态的经济发展方式，将在“十三五”期间得到更大力度的推行。

（二）产业转型面临较大压力

产业结构经过多年的不断调整取得了较大进展，但是，粗放型经济增长方式并没有根本改变，结构性、深层次的矛盾依旧突出，特别是工业结构性矛盾突出。资源型产业资产总额占全省工业企业资产比例高达90%以上，而全国这一比例只有54.29%。由于过度依赖资源型产业，造成产业结构不优，加工和采掘原材料比例失调，有色金属采选与加工之比仅为1∶3.01，产品大多数属于基础型的上游产品，产业链短，资源深加工能力不强，产品附加值低，处于产业价值链低端。另外，云南省正处于资源大规模开发和加工转化的快速发展期，工业化重型化特征突出，短期内以能源、化工、冶金为主的重型化产业结构难以根本改变。在产业转型面临较大压力的背景下，发展循环经济显得更加迫切，通过发展循环经济，实现资源的减量化、再利用和资源化，提高资源的转化利用效率和产业化水平，促进资源的可持续利用，是云南省资源优势转化为竞争优势的关键环节，也是实现产业全面转型升级过程中的必要手段。

（三）循环经济发展亟待突破

自2003年进入国家层面的经济发展战略体系以来，在政府的强力推动和部分企业的积极参与下，云南省循环经济工作得到了有力的推进，初步构建起了工业、农业和服务业循环产业体系，以工业为重点，同时在建筑、交通、消费等领域开展了一大批循环经济试点和示范项目，并取得了丰富的成果。但是，综观循环经济发展全局，云南省循环经济发展亟待在以下五个方面取得突破。

1. 只循环不经济

只循环不经济的成因主要表现在以下两个方面：一是云南省静脉产业中，尤其是资源回收和再利用领域，因为大部分回收企业规模较小，分布零散，再生资源要经过多次周转，才能到达生产企业，再生资源循环的速度和数量难以保持在合理水平。二是国际原油、铁矿石等原生资源价格持续走低，原生资源生产的产品成本甚至低于资源再利用生产成本，资源回收企业和再生资源利用企业难以有良好的收益，企业的利润越来越薄，企业扩张的动力严重不足，行业发展下行压力巨大，难以产生良好的经济效益。政府应采取措施，加强再生资源的回收和流转，做到回收有规范，产品有标准，检测有手段，进入有门槛，形成推动再生产业发展的健全的市场体系。

2. 法规和制度的不足

在贯彻落实《中华人民共和国循环经济促进法》及相关政策的基础上，根据云南的实际和循环经济发展的新形势，尽快制定实施《云南省循环经济促进条例》，同时抓紧研究制（修）订《云南省清洁生产促进条例》《云南省再生资源回收利用管理条例》《云南省可再生能源开发利用促进条例》《云南省建筑垃圾管理办法》《云南省餐厨垃圾管理办法》等地方性法规，依法推进循环经济发展。调整和优化价格机制，充分发挥市场机制对资源配置的基础作用，实现符合发展循环经济的要求，形成相应的激励和约束机制。企业发展循环经济，政府适当给予直接投资资金补助、贷款贴息，发挥政府投资对社会投资的引导作用，构建和完善发展循环经济的多元化投资机制。落实、完善、促进循环经济发展的财政税收金融等政策。

3. 技术“瓶颈”

加大研发和引进具有重大推广意义的资源节约及替代技术、产业链延长和相关产业链接技术、清洁生产技术、回收处理技术等绿色技术体系，加快新技术、新工艺、新设备的推广应用，特别是对大宗工业固体废弃物资源化利用、尾矿及废矿石中稀贵金属再选冶技术、建筑垃圾利用技术等突破发展的技术“瓶颈”，实施重点行业、重点领域、重点园区、典型城市循环经济发展模式，建立生态工业、生态农业等产业以及社会发展急需的绿色循环技术支撑体系。组织实施“千企改造”计划，推动传统产业尤其是制造业智能化、绿色化发展，积极探索引进第三方技改服务公司机制，为企业技术改造提供专业解决方案和技术服务。

4. 统计滞后

尽快建立循环经济统计核算体系，核算统计各类资源消耗、废弃物产生、综合利用等反映循环经济发展的指标。加快循环经济信息咨询支持服务系统的建设，加强政府、企业等对循环经济的信息、技术和政策的共享。扩大生产者责任制度是循环经济的一项基本原则。扩大生产者责任与健全回收体系是相辅相成的。当前存在的问题是废旧物回收利用企业规模小、工艺技术落后，居民回收体系不健全，回收利用率低。以政府为导向，按照扩大生产者的原则，通过选定重点行业或废弃物市场，形成一个有针对性的市场回收体系。按照政府宏观调控和市场经营相结合的原则，通过重点行业（家电、汽车制造等）和重点区域（云南中心城市昆明或市州）建立回收体系，逐步积累经验，并逐步带动回收体系的健全和完善。

## 二 重点发展方向

### （一）构建循环型工业体系

1. 煤炭工业

根据资源禀赋条件，选择先进高效的开采技术，推广煤矸石充填、以矸换煤等即采即填技术工艺。加强煤系硅藻土、膨润土、耐火土等共伴生矿综合利用，鼓励开展煤矿瓦斯、矿井水的综合利用。“十三五”期间，规划建设一批低浓度瓦斯发电站，在有条件的地区建设煤矿瓦斯输送站或输送管道及其配套设施。推进矿区生态环境保护，鼓励复垦土地的再利用。

2. 电力工业

加强节能降耗。调整优化电源结构，提高火电机组技术装备水平，改造落后发电机组设备。加大锅炉、风机、水泵等设备节能改造，推广节能技术。鼓励发展热电联产，严格实行“以热定电”。加快智能电网建设和电网节能技术改造，提高电网传输效率，有效地降低线损。

在粉煤灰大部分得到资源化利用的基础上，继续加大推进脱硫石膏的综合利用，鼓励利用粉煤灰生产建材产品以及在市政建设、道路修筑等工程中的应用；鼓励利用脱硫石膏实现规模化纸面石膏板生产。构建火力发电与相关产业的循环经济链。大力促进云南省与广东、广西等省区以及与东盟国家间电力交易，推广分布式能源。

3. 钢铁工业

（1）促进重点企业节能减排。加快淘汰落后高耗能生产线，积极推广使用高温高压干熄焦技术、烧结脱硫脱硝技术、烧结机环冷余热发电技术、烟气余热综合利用等先进成熟技术，重点引进难选贫矿、共伴生矿综合利用项目。

（2）加大与电力、化工、建材等行业耦合，推进钢铁工业副产品高效利用。重点推进余热余压发电，利用副产煤气生产甲醇、二甲醚等化工产品，利用钢渣、烧结脱硫渣等固体废弃物生产水泥、石膏板、微晶玻璃等建材产品，实现钢渣废渣的资源化利用。

（3）利用高炉或焦炉处理废塑料、废轮胎、医疗塑料，以及有色或化工行业产生的含铬废渣、赤泥等危险废弃物；利用城市再生水补充钢铁企业用新水；建立废钢回收体系，鼓励钢铁企业利用电炉处理废钢，减少铁矿石的消耗，实现钢铁生产系统与社会生活体系的循环链接。

4. 有色金属工业

推进废有色金属再生利用，淘汰再生金属落后产能，抑制低水平重复建设。同时，提高锗、铟、金、银、铂、钯、镓等稀贵金属的回收利用，推进再生铜、再生铝等再生金属利用。

5. 化工工业

采用自动点火系统，加强火炬气回收，加强炼制各环节余热余压的回收利用。积极开展中间品、副产品和废弃物的综合利用，重点推动重点化工企业的废催化剂、汞触媒、电石渣、硫酸亚铁等废渣的资源化利用。加强生产中的能源梯级利用、水资源的循环利用和余热余压的综合利用。

6. 建材工业

（1）推动利废建材规模化发展。鼓励综合利用矿渣、粉煤灰、钢渣、电石渣、煤矸石、脱硫石膏、尾矿等大宗工业废弃物和建筑废弃物生产水泥、墙体材料等建材产品。在昆明、曲靖等大宗废弃物生产量大的地区，依托龙头企业，建设建材工业循环经济示范基地。

（2）培育利废建材行业龙头企业。依托大中型城市周边已有水泥生产线，配套建设城市生活垃圾、城市污泥和各类废弃物的预处理设施，开展协同处置试点示范和推广应用水泥回转窑处置危险废弃物，实现水泥工业向绿色功能产业转变。

（3）积极开发和推广应用节能减排新技术。水泥生产全面推广新型干法技术和纯低温余热发电技术，开发应用高效节能细粉末技术、助磨技术和矿物掺和料机械活化技术、脱硫脱硝和协同处置技术。墙体材料生产推广烧结砖隧道窑余热利用技术、窑炉风机变频调速技术，以及高掺量、高空洞率、高强度、全煤矸石烧结空心砖新工艺。推广应用农作物秸秆为主要原料生产环保型轻质板材的新技术等。

7. 园区建设

引导园区循环经济产业链合理化、一体化。加快曲靖煤化工园区、嵩明杨林工业园、祥云财富工业园等循环经济试点示范园区建设，总结推广经验模式。引导产业园区构建循环经济产业链。以园区试点示范企业的循环化改造项目建设为契机，推进企业内部循环经济发展，推进企业间建立循环链接关系。科学引导有利于园区产业链补链或延链企业入园。突出重点园区行业特色，化工园区围绕化工企业中间品、副产品、废弃物的循环利用构建产业链；有色冶炼工业园区围绕余热余压、冶炼废渣的循环利用构建循环产业链；综合性园区注重产业的横向耦合和纵向延伸。对园区既有基础设施进行低碳化改造，更新节能环保设备。

（二）构建循环型农业体系

1. 种植业

（1）推进种植业减量化生产。重点在曲靖市、红河州等化肥施用量较高市州开展化肥、农药零增长行动，推进测土配方施肥和化肥深施工作，应用专用复合肥，降低土壤与水资源污染率，全面推广增施有机肥、种植绿肥及秸秆还田等土壤改良方式，提升土壤肥力，减少化肥施用，增加控释肥、缓释肥的使用覆盖率；全面实施种植业病虫害绿色防控方式，加大推广高效、低毒、低残留农药，实施物理防治、太阳能杀虫灯防治等防控手段，推广先进施药机械，提升农药利用率，切实降低农药使用量。开展种植业高效用水，推行微灌、滴灌、喷灌等节水灌溉技术，发展雨养农业，加强现有大中型灌区骨干工程续建配套节水改造，增强农业抗旱能力，推广种植业抗旱品种培育，开展生物多样性间种和套种，改进耕作方式，促进灌溉水源高效节约利用。全面推行轻型栽培和免耕栽培技术，倡导农业机械化生产，推进农业机械化装备推广，提升种植业效率，形成省工生产模式。

（2）实施种植业再利用运作模式。全面推进秸秆综合利用工作，重点在昆明市、曲靖市等市州开展农膜回收再利用工作，全面推广生物可降解农膜及加厚薄膜。全面推进农用包装袋、容器再利用工作，重点针对化肥、农药使用量较大的曲靖市、红河州展开工作，加强农用产品包装材料生产商、包装产品制造商及销售商对包装废弃物回收处理监管工作，促进包装物再利用，建立二手农机具回收制度，减少农机的随意报废，确保资源再利用。

（3）推广种植业再循环模式。全面推进种植产品消费用途扩展工作，积极开发新的种植业循环利用模式和途径，促进种植业非优质产品及副产品的加工利用，试点开展变质蔬菜、水果的有机肥加工及劣等粮食加工酒精等新型循环利用模式，减少种植业环境污染物排放，促进农业发展方式转变。

2. 养殖业

（1）推进养殖业减量化生产。在统筹考虑云南省各市州环境承载能力和畜禽养殖污染防治要求的基础上，倡导科学方式饲养，推广节粮型草食畜牧业，减少饲料和水资源浪费。

（2）实施养殖业再利用运作模式。全面推进畜禽粪便资源化利用工作，推进畜禽粪便粪污收集和处理利用机械化水平，实施雨污分流、粪污资源化利用重点工程；开展畜禽粪便利用发电及沼气生产，畜禽粪便堆肥制有机肥以及厌氧、好氧或厌氧—好氧联合处理后排放到鱼塘或用于灌溉等畜禽养殖废弃物综合利用模式；推广秸秆过腹还田，提高秸秆饲料的综合利用率。

推广养殖业再循环模式。采用种养复合型生态循环农业发展模式，拓展养殖业产业链，优先在曲靖市、红河州等推广以畜为主的“畜—粪—果”“畜—沼—菜”“草—畜—草”等立体种养混合发展模式，在玉溪市、红河州等推广以禽为主的“禽—粪—饲料或有机肥料”循环模式，通过立体种植养殖模式的结合开展，实现养殖业废弃物的再循环利用，提升种养殖业产业链整合力度。

3. 林业

（1）推进林业减量化生产模式。推进高新技术在林业领域的应用，提升林产业加工技术，扶持林业产业技术创新，加强人造板材、替代型木材的开发与应用，提升木材综合利用率，减少森林资源消耗；全面开展延长林产品使用年限相关技术的推广工作，提升林产品使用价值和使用效率，最大限度地节约木材；开展原料林建设工作，推进林业资源培育，优先在全省森林覆盖率最低的昭通市开展，通过“公司＋基地＋农户”和“订单林业”的经营发展模式，推进林产业原料林基地建设，实现森林资源循环再生，维持森林资源平衡，同时提升森林资源匮乏地区的森林覆盖率。

（2）实施林业再利用运作模式。全面开展林业“三剩物”及次小薪材的综合利用，优先在林产业产值占比最高的西双版纳州和普洱市开展，推进林业“三剩物”及次小薪材物理、化学加工技术的研发创新，布局和发展以“三剩物”及次小薪材为原料生产高附加值木制品的产业链，提高林业废弃物再利用率；开展城市木材废弃物及木材加工废弃物的再利用增值，建立城市废其木材回收再利用体系，搭建城市废弃木材回收网点，扶持以城市废弃木材为原料的人造板产业发展，全面推进锯末、木屑等林业加工废弃物的再利用，扶持一批以林业加工废弃物为生产原料的绿色环保复合型材料生产企业，促进林业资源循环再利用。

（3）推广林业再循环模式。采用林下种养复合型循环林业发展方式，优先在玉溪市、昆明市等推进林下食用菌种植发展模式，开展林下食用菌种植示范基地建设，进行工厂化集中生产菌袋和种植示范；发展林下禽类养殖模式，形成以“林—禽—粪便—林”为主要发展线路的林禽循环产业经济链；发展林下畜类养殖模式，形成以“林下草地—畜—粪便—林”为主要发展线路的林草畜循环产业经济链，充分发挥森林吸污固碳作用，拓展林业产业链，实现多业共生循环经济发展模式。

4. 水产业

（1）推进水产业减量化生产模式。按照循环经济理念，优化水产养殖业生产空间布局，全面推进水产养殖向集约化和工厂化发展，推进高原特色养殖业发展，科学合理规划水产养殖布局，促进养殖土地集约节约利用，缓解水产业与种植业土地利用矛盾；开展水产养殖固体废弃物减量化工作，全面推进养殖区域科学规划，优化养殖结构；根据养殖条件，合理确定养殖容量，不断改进和研究水产养殖饵料加工工艺，开展科学投喂，提高饵料质量及转化率，有效地减少水产养殖固体废弃物排放；在普洱市及西双版纳州两个渔业产值占比较高的区域，开展循环水高位池养殖新模式试点示范，通过水产养殖废水的不断循环和利用，大量节约水资源；全面推进水产业养殖防御体系建设，推进增强水生生物免疫增强剂研发工作，提升养殖成活率，减少药物使用量。

(2) 实施水产业再利用运作模式。改造提升传统水产业，将传统水产业纳入循环经济发展轨道，全面推广水产业“8∶2”池塘养殖技术，采用“8”为主要饲养鱼类，“2”为滤食性服务性鱼类进行混合养殖，全面提升饵料利用率及固体废弃物再利用率，减少淤泥沉积；开展池塘底泥资源化再利用工作，在昆明市、楚雄州等传统重点养殖区开展，利用水产养殖业底泥作为天然有机肥料，全面应用于种植业；在地热资源丰富的地区，开展温泉水养殖新模式试点示范建设，优先在保山市进行试点示范建设，以罗非鱼为主要试点鱼种，利用地热水进行循环养殖，增加养殖出产效率。

(3) 推广水产业再循环模式。全面推进和开展以螺旋藻、盐藻培育为代表的藻类水产业循环发展模式，结合藻类养殖培养基以及藻类副产物与种植业、养殖业的循环补链，优先在丽江市程海湖区域布局，发展新型的循环农业模式；开展基于水陆相连的基塘生态水产业发展模式，以水产业和林业循环结合为重点，发展“桑—蚕—鱼”综合利用模式；推广和发展“鱼—莲—稻”综合开发浅水湖模式，以水产业和农业循环结合为重点，在有浅水湖泊的昆明、玉溪、丽江地区开展养殖示范；推广和开展“水产—牧”综合生态发展模式，以水产业与畜牧业循环结合为重点，在有小型水库的库区推广该模式；开展“水产—种植—牧”生态发展模式，以水产业、种植业、畜牧业循环结合为重点，在条件适宜地区实施以“猪（禽）—草—鱼”典型模式为代表的循环农业模式。

### （三）构建循环型服务业体系

#### 1. 旅游业

积极构建云南省循环型旅游服务体系，推进旅游业开发、管理、消费各环节绿色化。严格执行旅游开发建设一票否决制，合理确定旅游景区游客环境容量，继续推进国家生态旅游示范区的开发建设，开展省级循环化景区认定工作。推进旅游景区生态化建设和管理，科学设置垃圾分类回收装置，推进废弃物分类回收和资源化利用，推动景区智能化改造，实行旅游容量控制管理。积极开发生态旅游纪念品，原料鼓励采用可再生性、可降解性材料或原材料废弃物。

2. 通信服务业

完善信息基础设施，推进电信网、广播电视网、互联网“三网”融合。积极构筑基于云计算的大数据平台，实现信息资源共享，以知识投入减少人力及物质投入。

3. 零售批发业

强化节能减排，鼓励零售批发企业对通风、照明、冷藏等系统进行节能改造，推广节能设备和技术。鼓励使用环保型包装，对商品进行简易包装。优化零售批发网点空间布局。

4. 餐饮住宿业

在洗涤过程中进行无磷化处理。鼓励住宿企业采用余热、废热、可再生能源或空气源热泵作为集中热水供应系统热源，鼓励建立污水处理及中水回用系统。开展垃圾分类排放，强化餐厨垃圾回收。在市州范围内，开展绿色酒店、绿色饭店创建活动。积极推进绿色消费，倡导适量用餐，开展“光盘行动”，减少一次性餐具使用量，引导消费者自带洗漱用品，减少客房一次性用品使用量。

5. 物流业

积极发展绿色物流，推广应用先进物流方式和装备技术，依托物流园区集中配送，削减总行驶量。大力发展第三方物流，简化配送环节。推进大数据、云计算、地理信息系统等技术在物流管理中的应用，提升物流企业智能化、信息化、标准化水平。降低物流运输车辆空驶率，鼓励使用节能环保和新能源车辆。采用环保包装，合理规划和优化仓库布局。

（四）推进社会层面循环经济发展

1. 完善再生资源回收体系

（1）完善再生资源回收网络。按照一个县市区统筹规划建设一个分拣中心的原则，利用市场化手段，鼓励各投资主体积极参与建设回收网络，建设综合性、专业化分拣中心和废旧电子产品、报废汽车等专业性拆解中心。整合或改造现有分布散、环境风险高的不规范回收站点，推进分拣中心与再生资源深加工基地的产业一体化建设。

（2）强化重点领域资源回收。进一步完善废旧金属、废纸、废塑料等较为成熟的再生资源回收体系。强化废弃电器电子产品、报废机动车、包装物等再生资源体系的建设。切实防范废铅酸电池废弃含汞荧光灯、废温度计、废弃农药包装物等有害废弃物的环境风险，保障生态环境和人体健康。转变当前电子产品、报废机动车家庭作坊式物理拆解的回收方式，推动规模化、专业化、无害化的电子废弃物、机动车资源化循环利用系统建设。建设昆明市三瓦村再生资源回收利用示范基地，完善基础配套公共服务平台，促进电子、机动车产业可持续循环利用。

2. 推动静脉产业集群发展

推进再生资源规模化利用。形成以机电产品、机动车、电池、橡胶塑料为主的规模化再生资源利用重点产业，加快培育一批龙头骨干企业，重视企业上下游产业链关系，提高产业集中度。重点培育昆明静脉产业园，积极推进天生桥特色产业园区，重点企业引入和重点产业集聚，在园区重点发展汽车、电子垃圾拆解加工和精细加工的规模化利用。

加强再生资源产业链与再制造产业链有效融合，形成再生资源企业与原材料加工企业的产品、服务、市场衔接，形成社会循环型产业链。

3. 鼓励发展再制造

（1）建立旧件逆向回收体系。鼓励提倡绿色设计和制造，实现可拆解设计、可回收设计，加强可再生材料选用。试点建立逆向物流回收渠道，落实生产者责任延伸制度，强化电器产品、汽车等重点再生资源回收渠道建设。在滇中、滇东北、滇东南、滇西地区范围内，规范建立专业化再制造旧件回收企业和区域性再制造旧件回收物流集散中心，实现旧件的就地消纳。

（2）抓好重点产品再制造。重点推进机动车零部件、机床、农机、工程机械等机电产品再制造，强化烟草、有色金属冶炼等云南优势产业生产设备的再制造。建立再制造产品质量保障体系，研发旧件无损检测与寿命评估技术，推广纳米颗粒复合电刷镀、高速电弧喷涂等提升再制造产品品质的关键技术和装备。健全再制造产品地方标准体系，制定2—3类云南优势产品再制造标准。完善再制造产品销售保障体系，建设再制造重点产品销售渠道，建立信息平台和产品线上、线下展示中心，实现再制造企业与产品承接企业信息有效对接。重点培育安宁工业园、曲靖煤化工工业园、通海五金产业园等再生资源加工园区。

4. 实施绿色建筑行动

（1）严格控制建筑能源消费。建立健全节能设计审查信息告知性备案程序，完善建筑能源专项审查制度，建立建筑能耗统计制度，研究推广建筑合同能源管理，探索建立自然节能技术体系和评价标准，将能耗指标纳入建筑节能评价指标体系。新建建筑严格落实强制性节能标准，加强太阳能、风能等可再生能源建筑应用。

（2）开展建筑能效和绿色建筑评价标识。云南省范围内新建、改扩建国家机关办公建筑和大型公共建筑，实施节能综合改造并申请财政支持的国家机关办公建筑，国家级或省级节能示范工程和绿色建筑四类建筑必须进行建筑能效测评。对政府投资建设的公共设施建筑以及昆明市内单体建筑面积超过两万平方米的大型公共建筑，全面执行绿色建筑标准，其中城镇保障性安居工程执行一星级绿色建筑标准。经评估认定通过的建筑，对其颁发民用建筑能效和绿色建筑标志牌和证书。

（3）推动绿色建筑科技进步发展。建立建筑节能技术与产品推广有关制度，定期发布绿色建筑技术与产品推广目录，构建云南绿色建筑技术体系。加快培育专门的绿色建筑评价机构，建立绿色建筑评价职业资格制度，培养绿色建筑人才。严格建筑拆除管理，推进建筑废弃物资源化利用。组织开展被动式技术攻关，各市州人民政府和滇中产业新区管委会要各组织申报两个以上被动式低能耗建筑示范项目。

5. 大力发展绿色交通

（1）构建绿色交通体系。优化交通线路设计和选址方案，推进绿色交通基础设施，绿色客、货运枢纽站建设。优化交通运力结构，在昆明市、玉溪市、大理市、丽江市等推进以天然气等清洁能源和电力等新能源为燃料的运输装备的应用，在城市公交车、出租车和城市物流配送领域推广应用纯电动、混合动力等新能源车辆，加大新能源汽车研发力度。大力发展城市公共交通，改善步行和自行车交通环境，鼓励和支持大中城市发展自行车租赁业。大力推进智能交通管理系统和现代物流信息系统建设，提高交通运输组织管理水平，加快实现客运“零距离换乘”和货运“无缝隙衔接”，降低运输工具空驶率。推广“绿色维修”，完善再生资源回收利用体系。推动驾培教练车清洁化发展，促进新能源、清洁能源汽车在教练车上的推广应用。

（2）提升绿色交通管理能力。开展绿色交通相关标准建设，逐步建立绿色交通标准规范体系。进一步完善云南省绿色交通管理机构和人员设置，建立健全绿色交通工作目标责任制。开展节能减排与环境保护工作考核，以量化目标为考核内容，纳入各级交通运输主管部门的年度考核。逐步健全交通能耗统计监测考核体系，利用智能化信息化技术，开展交通重点能耗企业的能耗统计。

6. 推进餐厨废弃物资源化利用

（1）完善餐厨废弃物回收体系。规范餐饮单位的排放行为，建立完善餐厨废弃物的收运管理制度，严格准入，明确收运主体，由具有相关资质的企业对餐厨废弃物进行处理。重点推进在餐饮企业、单位食堂配备油水分离装置、专用收集装置和收运车辆。

（2）优化餐厨废弃物资源化利用技术。鼓励发展餐厨废弃物资源化无害化处理新技术，提高餐厨垃圾的资源化利用水平。开展餐厨废弃物综合利用示范，实施单位食堂餐厨废弃物就地资源化处理利用项目，探索协调处理餐厨废弃物资源化利用设施与其他生活垃圾处理设施的共享，充分发挥各设施间的协同效应，多层次合理化利用餐厨垃圾。鼓励扶持有能力的公司将餐厨废弃物综合处理技术产业化，扩大加工规模，实现生态、环保、节约、集约利用的环保目标。

（3）加强相关法规制度建设及监管力度。建立全覆盖、数字化、信息化的餐厨垃圾监管收运体系，健全完善适合昆明市、大理市、丽江市等的餐厨废弃物资源化利用政策、法规和标准，加大执法力度，严厉打击非法收运、处置、排放餐厨废弃物行为。明确政府职能，强化对餐饮、副食品加工业餐厨垃圾的管理，对餐厨垃圾的产生、收集、运送及处理进行统一监管。建立餐厨垃圾排放登记制度，构建收运台账信息平台，实行餐厨垃圾收运处理行政许可制度，在重点排放单位安装监控设备，将网络信息化技术引入餐厨废弃物资源化利用全过程，实现对餐厨废弃物排放、收集过程的全线监控及管理。

（4）推进餐厨废弃物资源化利用，提高前端收集质量为重点，确保处理设施落地，统筹考虑资源化产品出路。加快昆明市、丽江市和大理市国家餐厨废弃物资源化利用和无害化处理试点城市建设工作。

7. 建设循环型城镇、社区

（1）加强城镇环境基础设施建设。加强土地集约节约利用及存量土地再利用，扩大公共绿化面积。尤其针对云南省易出现干旱缺水的自然气候情况，新城镇社区的建设，应同步规划建设再生水管网，推进雨污分流工程，加强雨水的收集利用。加快推进改水改厕、公共交通、城市照明、污水和垃圾无害化处理设施等建设。发展分布式能源，扩大新能源和可再生能源的应用范围。

（2）推广普及绿色消费模式。再生及再制造产品等。根据云南省的自然地理条件，加大风能、太阳能等新能源应用范围，因地制宜开发利用各种可再生能源。重视社区节水，积极普及节水型器具，推广社区雨水和中水利用，鼓励重复和循环利用生活用水。引导居民进行垃圾分类，倡导绿色低碳的出行方式。全面推动居民生活方式向绿色化进行转变。

# 第九章　云南节能减排降碳

节能减排就是节约能源，减少污染物排放。节能减排是我国的一项本国策，也是实现我国经济可持续发展的必然选择。在当下，经济社会加强节能减排，实现低碳发展，是生态文明建设的一项重要内容，是促进经济提质增效升级的必由之路。

## 第一节　发展成果

近年来，云南省节能工作成效十分显著，“十一五”时期及“十二五”时期万元GDP能耗降低任务均超额完成。截至2014年年底，云南省化学需氧量排放总量为53.38万吨，“十二五”时期削减6.2%的任务已完成5.3%，还剩0.9%；氨氮排放总量为5.65万吨，“十二五”时期削减8.1%的任务已完成5.83%，还剩2.27%；二氧化硫排放总量为63.67万吨，“十二五”时期削减任务已超额完成；氮氧化物排放总量为49.89万吨，“十二五”时期削减5.8%的任务已完成3.94%，还剩1.86%。

“十二五”时期，云南省低碳工作连续三年（2012—2014年）在国家碳强度降低目标责任考核中被评为优秀等级，2014年云南省碳强度较2013年降低20.67%，较2010年降低39.72%，提前超额完成“十二五”时期下降16.5%的目标任务。

### 一　强化节能目标责任，促进产业转型升级

“十二五”时期以来，云南省把节能降耗作为推进经济结构调整优化、实现产业转型升级的主要抓手。具体举措包括：充分运用财政

资金的引导作用，加大资金投入力度，节能降耗资金由2010年的6000万元增加到2015年的9000万元，省级节能预算3.72亿元用于节能专项资金支持节能技术产品的推广和节能技术改造。财政资金的充分运用，一是导致产品能耗大幅下降，提质增效成果凸显。二是全面推进了各项领域的节能。主要表现在工业、农业、建筑业、交通运输、公共机构、商业服务业等各个领域。

### 二　减排力度进一步加大

坚持把主要污染物排放总量控制指标作为环境评价审批的前置条件，对已经审批的火电、水泥建设项目，将脱硝设施建设增补为环保竣工验收条件，确保新建项目按照最严格环保要求建设治污设施。对污水处理厂、火电、钢铁、水泥、制糖、制胶等行业进行“重点盯防”，发现一起、查处一起，确保发挥治污减排效益。云南省政府专门出台了指导城镇污水处理厂配套管网建设和运营管理的意见，全省“两污”及配套设施建设和运行管理取得了较大突破。

### 三　法规标准和政策逐步完善

制定并施行《云南省公共机构节能管理办法》《云南省可再生能源建筑应用国家级示范管理办法》等一系列行业节能管理法规政策，为依法节能提供了制度保障。根据国家“十二五”主要污染物总量减排考核的相关要求，出台了《云南省“十二五”主要污染物总量减排考核实施办法》，对完成4项主要污染物指标提出了具体的目标任务和工作措施。依据考核要求对未完成污染减排的市州进行了问责，对在污染减排工作中表现突出的单位进行了奖励。

### 四　低碳发展理念不断深入

云南省、昆明市分别成为国家第一批及第二批低碳试点。根据《云南省政府关于印发〈云南省低碳发展规划纲要（2011—2020年）〉的通知》（云政发〔2011〕83号），省财政设立低碳发展引导资金，实施了一批低碳项目及宏观政策研究，各市州编制了低碳发展规划，有力地支撑了全省低碳试点的运行。初步建立省级林业碳汇计量监测体系，为计量全省森林碳储量奠定了基础，积极推进林业碳汇造林项目2.3万亩。

# 第二节 存在问题及重点发展方向

## 一 存在的主要问题

### （一）部分行业产能相对过剩

随着云南省经济发展环境的变化，工业经济增速回落。具体表现在炼铁、炼钢、水泥（熟料及磨机）、电解铝、平板玻璃、焦炭、铁合金、电石、铜（含再生铜）冶炼、铅（含再生铅）冶炼、造纸、制革、印染、化纤、铅畜电池、黄磷16个工业行业产能相对过剩，产品生产量不断下降，甚至有的企业停工休业，设备闲置，资源浪费。

### （二）总体技术水平偏低

云南省超额完成“十二五”时期单位GDP能耗约束性目标，但仍是全国平均水平的1.4倍，重工靠资源、轻工靠烟草的发展模式，以及粗放发展方式依然严峻。全省主要工业产品生产技术水平与国内同类企业相比有一定差距，主要工业产品单位能耗先进值与国家标杆值相比偏高，其中，工业硫黄制酸电耗超过115.63%，烧碱综合能耗超过53.49%，锌冶炼（精矿—电锌锌锭）超过45.89%。

### （三）可再生能源弃电严重

2014年，云南省煤炭消费占能源消费总量的比重下降到43.07%，仍高于一次电40.66%的比重（水电占82%）。“十二五”时期，火电装机未增加，利用小时数下降到2500小时，风电、光伏发电装机爆发式增长，水电平均每年增加装机近1千万千瓦，弃水形势十分严峻，仅2013年和2014年浪费水、电能量为48亿千瓦时和173亿千瓦时，资源浪费严重。

### （四）节能环保产业发展滞后

缺乏在全省范围内具有影响力的骨干、龙头、旗舰式节能环保企业，节能环保产业的社会化服务体系和规范、公平、公开的市场体系发展滞后，创新能力不强，对全省节能减排工作支撑较弱。

（五）节能减排监管能力有待强化

近年来，国家、云南省出台了很多节能减排循环低碳相关政策、法规、实施细则及标准，在实际工作中，法律法规仍不完善，过多地采用行政手段、重点盯防，执行效果不佳。

（六）市场资源配置偏弱

节能减排循环低碳发展行政多、市场少，节能量和减排量交易探索工作停滞，碳排放权刚刚起步，企业节能减排循环低碳发展意识差，积极性低，调节经济发展与环境保护之间的平衡能力弱，难以达到社会整体治理成本最低化的目的。

（七）缺乏退出机制

云南省工业总体技术水平落后，年淘汰落后产能量大，随着经济下滑，过剩产能问题逐渐突出，化解产能的转型和退出机制不健全，成为经济社会发展的不稳定因素。

## 二　重点发展方向

（一）节能减排重点工作

1. 深化产业结构调整

重点化解钢铁、煤炭、水泥等高耗能过剩产能，对产能过剩行业实行总量，原则上不审批新增产能项目。筹集专项资金，按照国家补助标准，对产能过剩行业的兼并重组、人员培训安置等工作给予补助。充分利用云南省沿边优势和“一带一路”建设契机，积极推进国际产能合作和产能转移。

2. 加强重点领域节能工作

（1）能源。“十三五”时期，要在继续做好能源强度控制的基础上，建立能源消费总量控制目标分解落实机制，把总量控制目标分解到各市州。

（2）工业。重点抓好火电、钢铁、有色、化工、建材、焦化六大高耗能行业的节能工作。深入实施《中国制造 2025》，积极推进绿色制造工程，积极主动推进工业转型升级。强化重点用能单位节能管理，全面推行清洁生产。积极推进企业能源管理体系、能源管理中心、能耗监测系统等建设，完善企业能源统计、计量管理体系建设，全面推行企业能源利用情况报告制度，综合提高企业节能的能源管理水平。

（3）建筑。积极推广节能建筑材料。加强新建建筑节能全过程监管，严格落实强制性节能标准。具体表现在：实行商品房销售能耗信息公示制度，严格落实绿色建筑强制标准，推进绿色建筑规模化发展，提高绿色建筑占新建建筑的比例。继续深入推进太阳能利用，探索解决太阳能利用与建筑高层化的技术难题。

（4）交通运输。完善交通基础设施网络建设，加强LED、风光互补等节能照明技术在公路、桥梁、隧道及沿线设施中的应用。推进以电力、天然气等清洁能源为燃料的运输装备在城市公交车、出租车和城市物流配送领域的应用。同时加强配套充电、加气设施的建设，积极保证昆明市地铁建设工程进度。

（5）公共机构。完善公共机构能源管理体系建设，推行公共机构能源资源消费定额管理，实施公共机构能源资源消费公示制度。加快出台能源审计、监督考核和能耗定额等标准，增强公共机构节能管理意识，有效落实节能措施。统筹安排专项资金用于推动政府机构建筑物及设施的节能改造，积极开展“绿色政府”工程建设。组织实施“节约型机关”“绿色医院”和“绿色学校”等创建活动。

（6）农业和农村。积极开展“以电代煤”“以气代煤”等技术产品示范推广，提高农村清洁能源使用率，改变农村传统用能方式。深入推广省柴节煤灶、太阳能热水器等节能家用设备。继续推广农村户用沼气建设，着重开展边远山区户用沼气建设。积极实施农村电网改造，降低农村、农业用电成本。设置专项资金，积极补助老旧农用机械淘汰工作。

3. 加强能源统计监测基础建设

加强能源统计队伍能力建设，全面做好常规能源统计业务报表工作。着力提高数据质量，加强能源数据质量管控，做好数据质量核查和重点用能单位服务联系工作。抓好能源核算工作，认真开展省、市、县三级单位GDP能耗核算工作，科学编制省级能源平衡表，深入开展市州能源平衡表编制工作，切实服务能源总量和强度双控工作。强化能源监测系统，做好能源产销重大数据的监测分析和预警工作。完善企业能源监测、计量和直报系统，提高企业能耗监测水平。

4. 深化污染物减排

切实做好四种污染物排放总量控制工作，按照国家要求，增加污染物控制种类。建立污染物排放总量控制目标分解落实机制，把总量控制目标分解到各市州。建立污染物排放总量预测预警机制，促进全省污染物减排。继续深入推行清洁生产审核，落实巩固重点行业清洁生产审核实效，促进企业污染物减排。

5. 环境污染第三方治理

鼓励地方政府、企业引入环境服务公司开展第三方综合环境服务。采取第三方进行整体式设计、模块化建设、一体化运营的方式开展环境服务。积极探索符合云南省实际的环境污染第三方治理管理办法、价格和收费政策、财税政策以及金融服务模式。

6. 积极防治环境空气污染

抓住国家和省大气污染防治行动计划的战略契机，推进大气多污染物综合控制。积极开展区域大气污染综合治理。加强重点行业、企业和园区大气污染综合治理。全面整治燃煤小锅炉。建立全省重点大气污染源和环境空气质量预报预警体系。深化城市面源污染治理，强化移动源污染防治。

7. 推进重点节能工程

重点推进工业能量系统优化工程、区域能源优化工程、锅炉（窑炉）节能综合改造工程、电机系统、变压器能效提升工程、机电设备再制造工程、清洁能源替代工程、“互联网+”节能工程、节能产品惠民惠企工程、城市节能示范工程、行业节能示范工程等重点节能工程建设。

（二）低碳发展重点工作

1. 发挥试点示范作用，推进绿色低碳城镇发展

深入推进云南省低碳试点省份、昆明市低碳试点城市建设，深入推进普洱市国家级绿色经济试验示范区和国家循环经济示范城市建设，深入推进呈贡低碳新区建设。充分发挥试点示范的带动辐射作

用，合理规划城镇发展，带动全市城镇的绿色发展水平。

2. 推进产业转型升级，打造低碳产业体系

积极筹措专项资金，支持企业研发或引进先进技术装备，对高耗能、高排放产业进行低碳化改造。大力发展大生物、大能源、大制造、大旅游、大服务六大产业，着重打造现代生物、光电子、节能环保、新材料、新能源、高端装备制造等战略新兴产业，构建云南省低碳产业体系。积极推进绿色低碳产业园区创建工作，逐步实现园区低碳发展。重点发展生产性服务和生活性服务，切实提高服务业为其他支柱产业提供产前、产中、产后全过程服务的能力。充分发挥云南省资源、能源和区位优势，大力发展生物、旅游等绿色产业，加快形成从农业到工业加工制造到旅游业和生产性服务业的绿色产业链条。

3. 建立温室气体排放核算体系，落实碳排放权交易市场

建立完善覆盖工业、建筑业、交通等领域温室气体排放报告体系和报告制度，探索建立年度、市州温室气体清单编制工作，建立全省温室气体统计核算体系、企业碳核查体系。紧跟国家步伐，落实碳排放权交易制度。积极探索低碳信贷、低碳融资等碳金融产品。

4. 深入发展清洁能源，创建低碳能源体系

进一步深挖太阳能、风能、水能、生物质能、天然气等清洁能源潜力，减少煤炭消耗，降低云南省经济社会发展对煤炭的依赖，努力将云南省打造成为国家低碳能源基地。着重做好天然气的推广利用工作，各市州积极行动，努力完成各年度用气任务。着力探索解决水电弃水、风电弃风、光电弃光等问题。进一步提升可再生能源在一次能源中的比重。积极实施节能调度，优先调度清洁可再生能源电力，优化能源生产和消费。

5. 加强重点领域低碳发展，主动控制碳排放

重点做好云南省六大高耗能行业节能降碳工作，主动控制工业领域碳排放。积极打造低碳交通，加快交通基础设施建设，大力发展公共交通，着重推广低碳交通工具，深入推进信息化交通管理，不断完善交通物流体系，进一步加强交通行业节能降碳监管。大力推广低碳建筑，在云南省跨越发展的重要战略机遇期，科学做好城乡建设规

划，把好新建建筑节能关，加大既有建筑的节能改造力度和建筑运行节能监管力度。

6. 深入挖掘碳汇[①]潜力，增强碳汇能力

加强实施退耕还林、防护林建设、天然林保护和石漠化治理等"森林云南"建设工程。深入挖掘云南省森林碳汇潜力，科学实施营造林工程，改进造林模式，加强森林抚育，强化林业有害生物防控，培育健康森林，大力推进森林可持续经营，构建稳定的森林生态系统。加强退牧还草、岩溶地区草地、湿地治理工程实施力度，对重度退化草原和湿地进行保护和生态恢复，增加草原草地湿地碳汇量。以创建生态园林城市和森林城市为重点，开展城市绿化。大力推进城市中心公园、道路和住宅区绿地建设，开展城郊环城森林带和森林公园建设，不断提高城市园林绿化水平，增加城市碳汇。

7. 强化引导低碳发展，构建低碳社会

抓好全国低碳日的有利契机，加大宣传力度，积极引导社会低碳发展。通过推行低碳生活、低碳交通、低碳办公等活动，不断提高全民低碳意识，培育社会低碳文化。充分利用低碳试点省份、城市的机会，大力创建低碳社区，以低碳社区为载体，积极开展低碳技术产品展览和推广、低碳知识讲座、低碳技能培训等特色活动，引导社区居民积极践行低碳生活，形成低碳社区文化。

8. 低碳发展重点工程

重点推进产业结构调整工程、能源结构优化工程、重点领域减碳工程、提升碳汇能力工程、低碳试点示范工程、基础能力建设工程等低碳发展重点工程建设。

---

① 碳汇是指从空气中清除二氧化碳的过程、活动、机制。主要是指森林吸收二氧化碳并储存二氧化碳的多少，或者说是森林吸收并储存二氧化碳的能力。森林碳汇是指森林吸收大气中的二氧化碳并将其固定在植被或土壤中，从而减少该气体在大气中的浓度。森林是陆地生态系统中最大的碳库，在降低大气中温室气体浓度、减缓全球气候变化中具有十分重要的独特作用。

# 第十章 云南环境治理与保护

2013 年 5 月 24 日，习近平在十八届中央政治局第六次集体学习时指出，生态环境保护是功在当代、利在千秋的事业。认清当前生态文明建设的重要性和必要性。同时，环境保护工作的开展紧紧围绕“五位一体”的总体布局和“四个全面”来开展。生态环境质量总体改善，是中国特色社会主义生态文明建设的主要目标之一。生态环境存在人类社会的周围，既是对人类的生存和发展产生直接和间接的影响的各种物质和能量的总称，也是自然界和人类社会环境共同组成的具有一定结构和功能的综合体。生态环境既是人类生存和发展的力量源泉，也是为人类生活和工作提供安身立命的空间和场所。良好的生态环境是人类赖以生存和发展的重要前提和基础。生态环境是人类实践活动和生产活动的客体对象，在一定程度上说，生态环境也会约束人的自身力量的发挥和施展。云南作为西部地区生态文明建设的先行试验区和“排头兵”，环境保护与治理任务艰巨，任重道远。

## 第一节 环境治理成果

### 一 全力推进治污，环境质量持续改善

进入“十二五”以来，云南省以九大高原湖泊为主的水环境治理工作顺利推进，九湖水质总体保持稳定。抚仙湖、泸沽湖、洱海达到水环境功能要求，滇池通过了 2014 年国家考核。大气污染跨区域、跨部门联防、联控机制初步建立，云南省市州政府所在地城市环境空气平均优良率达到 97.3%，可吸入颗粒物平均浓度的算术平均值较

2010 年下降 14.1%，云南省环境空气质量预报正式对外发布。《云南省近期土壤环境保护和综合治理方案》印发实施，土壤环境保护优先区域和土壤污染重点治理区的划定工作形成阶段成果。云南省委、省政府将污染减排作为政府主要领导综合考核评价的重要内容，云南省新增城镇生活污水日处理能力 200 万吨。对城镇污水处理厂的督察力度持续加大，云南省城市污水处理厂监控平台对 144 家处理厂实行全天候实时监控。农村环境综合整治完成 736 个村庄的整治试点示范，一批突出的农村环境问题得到解决，一批适用的成套技术逐步普及，洱源等地大力推进农村环境连片整治整县试点。

### 二　全面强化监管，环境风险安全可控

云南省环境风险防控和应急管理体系逐年健全，建成了重金属、危险废弃物、危险化学品风险源数据库，建立了云南省环境应急中心，修订了《云南省环境突发事件应急响应预案》和《云南省辐射事故应急响应预案》。辐射环境质量核与辐射安全监管进一步强化，开展危险放射源在线监控试点，实现放射源全过程动态管理，辐射环境质量保持稳定。重点区域重金属污染情况和重金属污染物排放压力有所缓解，重金属环境风险水平处于可控范围。危险废弃物安全处置和管理水平进一步提高，集中处置设施服务能力和服务范围有所提升，预处理和综合利用技术应用更加成熟。

### 三　加强能力建设，支撑保障扎实有力

云南省环境监测、监察能力显著提升，环境监管朝着信息化、精细化的方向迈进。包括云南省环境监测中心站在内的 65 个监测站通过标准化验收，环境空气监测网络建设明显加快，现已初步形成了覆盖较全、自动化程度较高的环境质量监测网络，云南省内获得认定的第三方社会监测机构达到 20 家。基层环境执法机构办公条件和装备情况有较大的改善，国控重点污染源自动监控系统如期建成并实现稳定运行，自动监控数据传输效率、企业自行监测信息公布率和监督性监测信息公布率均达到考核要求。“数字环保”第一阶段 16 个项目建设基本完成，第二阶段项目建设开局顺利。覆盖省、市、县三级环保部门的业务专网运行可靠。“十二五”期间，云南省环保综合保障更

加有力，整合省级环保专项资金，引入了资金使用绩效评价和竞争性分配机制。水专项技术示范与研发取得了新成果。为中缅、中老跨境环保合作交流翻开了新篇章。

**四　加大推进力度，体制改革不断深化**

环保工作法制化进程迈上新台阶，《云南省环境保护条例》修订进入起草阶段，《云南省生物多样性保护条例》进入论证阶段。网格化环境监管稳步推进，划分三级主体网格 260 个，单元网格 835 个。环境监察年度专项行动持续开展，立案查处企业 1515 家，云南省级挂牌督办 19 件重点事项。新《中华人民共和国环境保护法》实施首战告捷，2015 年，查处适用新法及配套办法的典型案例有 114 件。云南省环境保护厅与省公检法部门协作配合，建立环境执法司法联动机制，保持严厉打击环境违法的高压态势。生态文明体制改革取得新突破，在云南省环保厅积极配合下，云南省出台了《云南省全面深化生态文明体制改革总体实施方案》，制定了《云南省贯彻〈党政领导干部生态环境损害责任追究办法（试行）〉的实施细则》和《云南省开展〈领导干部自然资源资产离任审计的试点方案〉的工作方案》。生态补偿机制更加规范，率先在全国确立了县域生态环境质量监测评价与考核办法，评价结果作为财政转移支付分配的重要依据，开展了跨市州水域水质横向补偿机制试点工作。《关于推行环境污染第三方治理的实施意见》为污染治理机制创新打开了局面，企业环境信用评价和企业环境污染责任保险的试点即将付诸实施。云南省环保厅牵头编制的《云南省生态文明建设规划》正在征求各方意见。

## 第二节　存在问题及重点发展方向

**一　存在的主要问题**

虽然云南省前期环保工作取得了明显成效，但生态环境状况与全国生态文明建设“排头兵”的要求和社会公众的期待相比还有很大差距，保护与发展的矛盾依然尖锐。云南省是国家的重要生态安全屏障，禁止和限制开发区占国土总面积比重大，同时也是全国欠发达地区之一，改善民生和脱贫扶贫任务重。对传统发展路径的依赖性短期内难以彻底克服，污染排放与经济增长脱钩的“拐点”尚未达到。按照以往的经验，污染物总量排放居高和环境承载力吃紧的局面在今后一个时期还将保持惯性。

改善环境质量工作复杂艰巨。虽然目前云南省环境质量总体保持优良，但局部地区环境问题突出，九大高原湖泊中仍有四个水质为劣Ⅴ类，部分河流断面重金属时有超标。部分人口集中城市环境空气质量不容乐观。土壤污染源点多面广。随着近年工业化和城镇化步伐的加快，总量减排与环境质量改善关系中的不确定因素在增加，不同阶段、介质、类型、领域的污染问题的积累叠加效应愈加明显，继续保持生态环境优良面临的压力愈加增大。与此同时，污染治理战略相持期与经济增长放缓造成治理主体主动性和承受力下降的矛盾，环境改善窗口期与社会公众速战速决心理的矛盾，给“十三五”期间云南省环保工作带来了额外的压力，污染治理面临的复杂形势前所未有。

生态环境治理体系亟待完善。治理体系和治理能力现代化步伐尚不能满足新情况和新任务的要求，政府、企业和社会依法共治合作的格局尚未建立。地方生态环境法规制度的系统性不足，对上的衔接性和对下的落地性存在缺陷，环境经济政策的激励引导作用未得到充分利用。山、水、林、田、湖缺乏统筹的保护机制和有效的协调机制，过度管制和管制失效的问题相交织。

推进建立独立的监测评估和执法监管体制还存在实际困难需要逐一破解，监督地方政府依法实现生态环境保护尽职履责面临体制障碍。环境监测、监察、科技领域装备和技术手段比较落后，队伍和作风建设还有短板。

环境风险和生态安全防线面临考验。区域性、布局性、结构性的环境风险因素难以根除，重金属、持久性有机物、放射性物质、危险废弃物和危险化学品环境风险防范以及次生环境风险防范承受的压力有所抬头。历史上的不合理开发活动侵占大量生态用地，生物多样性受到威胁。已经实施的生态补偿标准低，生态惠益共享机制尚不健全。

## 二　重点发展方向

“十三五”时期是云南省环境保护事业大有可为的战略机遇期。党的十八大将生态文明建设提升到国家战略的高度，十八届五中全会将“绿色发展”列为我国“十三五”规划的核心发展理念之一。习近平总书记在云南省视察期间对云南成为全国生态文明建设“排头兵”提出殷切希望。“十三五”期间，云南省将全力实施生态文明建设行动，生态环境保护工作的地位更加凸显，推进更加有力，实践更加深化，环保事业发展面临重大历史机遇。

“十三五”期间，环保工作还面临着一系列有利条件：云南省的社会经济发展方向正在由加快速度向着提高质量和效益转变，产业结构将进一步优化，“两资一高”产业规模有望步入峰值平台期，污染物新增排放量有望高位趋缓。前期建成的城乡“两污”处理设施，随着管网配套的完善和管理经验的积累，有望发挥更大的治污效益。云南省全面深化生态文明体制改革，全面强化环境执法，向污染宣战的行动，以及绿色发展技术的逐步普及应用所带来的政策红利、法治红利和技术红利将充分释放。

“十三五”期间，机遇大于挑战，动力超过压力，环保工作要贯彻落实新的理念和战略，妥善应对新的挑战和困难，全面谋划，整体推进，聚焦主业，打牢基础，集中力量，实现生态环境质量保持优良并持续改善，争取事业的更大发展，更好地服务于全面建成小康社会和成为生态文明建设“排头兵”的全省战略。

### （一）保障水生态环境安全

#### 1. 全面落实水污染防治行动计划，深化重点流域污染防治

以保护和改善水环境质量为核心，实施以控制单元为基础的水环境管理，按照保护好水质良好水体、改善不达标水体的总体思路，建立流域、水生态控制区和水环境控制单元三级分区体系，统筹推进水污染防治和水生态保护，不断提升云南良好的水生态环境质量。对水环境质量较差的单元，按质量改善目标确定区域排放标准，完善排污许可，把治污任务落实到对应的排污单位。

2. 强化高原湖泊水环境保护治理，保障饮用水水源安全

深入落实云南省政府九大高原湖泊水污染综合防治和滇池保护治理会议精神，编制实施九湖保护治理规划，推进九湖重点工程项目实施。划定集中式饮用水水源保护区、开展饮用水水源规范化建设、强化饮用水水源水质监测。加强农村饮用水水源保护，开展分散式饮用水水源点普查和勘察，分类推进水源保护区或保护范围划定，设立水源保护区标志，确实加强对农村饮用水水源的管理，确保水质安全。

（二）稳定并提升大气环境质量

1. 落实大气污染防治行动计划

依据《云南省大气污染防治行动实施方案》，以“预防为主、防治结合”的原则，稳定保持环境空气质量总体优良，着力解决个别区域大气污染问题。实施重点区域和重点行业的大气污染防治管控，全面实施城市空气质量达标管理。重点加强工业、机动车、扬尘等多污染源综合防控，开展二氧化硫、氮氧化物、颗粒物、挥发性有机污染物等多污染物排放的协同控制。结合环境空气质量目标，在全省层面坚持推动氨污染排放控制。

2. 强化重点区域大气污染联防联控

在滇中地区，以昆明市主城区、安宁市，曲靖市主城区、宣威市，昭通市主城区，玉溪市主城区，红河州蒙自市、个旧市、开远市和楚雄州楚雄市为核心区域，全面深化大气污染联防联治。实行协同的环境准入、落后产能淘汰、机动车环境管理政策和考核评估制度。加速老旧机动车淘汰以及高排放机动车管理，严控燃料品质标准，推动燃煤清洁利用，加强工业大气污染治理，深化城市扬尘污染治理。强化区域空气质量监测运行管理统一协调和信息互通共享。

实施重点区域大气污染分策治理。昆明市要开展城市扬尘、机动车尾气、石油化工冶炼废气、挥发性有机污染物等多污染物排放与主城区大气环境质量关系研究，提出基于减缓昆明主城区环境空气质量恶化趋势的大气污染物联防联控措施和路径。怒江州兰坪县要研究铅锌矿露采矿区、尾矿库扬尘与周边地区土壤重金属超标及当地居民健康的响应关系研究，实施预防和减缓措施，保证居民身体健康和预防

群体事件发生。大气污染防治重点区域，要制订大气治理和监督管控方案，妥善应对可能出现的重污染天气或人体健康风险。

3. 加强城市面源大气污染治理

（1）深化城市扬尘污染治理。加强渣土运输车辆管理推行道路机械化清扫等低尘作业方式，加大全省各县市区人民政府所在地城市内洒水等防风抑尘作业力度。

（2）加强机动车环保管理。环保、工信等相关部门联合加强新生产车辆环保监管，严厉打击生产、销售环保不达标车辆的违法行为。加强在用机动车年度检验、开展工程机械等非道路移动机械和船舶的污染控制。

（三）改善土壤环境质量

1. 落实土壤污染防治行动计划

划定土壤环境优先保护区域，加强对未受污染土壤的优先保护。落实《土壤污染防治行动计划》，制定云南省实施细则。将云南省范围内的主要耕地和县级以上集中式饮用水水源地作为土壤环境保护优先区域，提出确定优先区域的基本单元、工作流程、进度安排、成果形式等，明确优先区域的范围及面积，建立优先区域地块名册。按照“集中连片、动态调整、总量不减”的原则，建立省级层面的耕地环境保护制度，建设和完善优先保护区各类环境保护及污染防护设施，严格保护土壤环境优先保护区域，确保耕地土壤环境质量不下降、面积不减少。开展土壤环境保护优先区内及周边区域的污染源排查，查明威胁土壤环境安全的潜在因素。排查及取缔优先保护区域及其周边的重金属或有机污染物污染源。

（1）防止新增土壤污染，严格环境准入。确定土壤污染高风险行业的环境准入条件，对于土壤污染高风险行业企业，应由工信、发改及环保等相关职能部门联合制定环境准入条件、规划及项目环评的相关要求，作为工业园区的产业空间布局、项目引进及项目审批的主要依据。严格土壤环境保护优先区域项目审批与监管，禁止或限制在主要耕地及集中式饮用水水源地为主的土壤环境保护优先区域内和周边，新建造成土壤污染的建设项目。

（2）加强对现有企业的环境监管。建立对土壤环境质量影响较大的行业清单和土壤污染源信息管理数据库、污染源监管档案，将其纳入环境保护部门重点污染源进行监管。重点加强对矿产采掘、采选和有色金属、有机化工、化工产品制造等现有重污染工矿企业的环境管控，加大环境执法和污染治理力度。加强农业投入品及农产品监管，强化农业生产污染控制和环境监管。禁止使用有毒有害物质含量超过国家和云南省规定的农业投入品。强化土壤环境优先保护区域农业生产污染控制，建立统一测土、配方、生产、施用的全过程肥料管理体系。

（3）推行土壤环境保护试点示范和“以奖促保”试点。以土壤环境优先保护区域为重点，选择基本农田集中区、粮食种植基地、蔬菜种植基地、水果种植基地、集中式饮用水水源保护区等重点区域，特别是已列入国家高标准基本农田建设试点区、云南省滇中粮仓高标准基本农田建设区、省级集中式饮用水水源地、已通过“三品一标”质量认证的农产品原料种植基地，开展土壤环境保护示范和“以奖促保”试点工作。

2. 加强土壤环境基础调查及评估

（1）实施土壤环境质量调查及评估。执行土壤环境质量监测国控点、省控点的土壤环境质量常规监测。开展重点关注区土壤环境质量监测工作，适时地对生活垃圾填埋场、污水处理厂、尾矿库、加油站、工矿企业废弃地（建设用地）以及高等级公路和铁路沿线开展土壤环境监测工作。开展特色农业种植区耕地和集中式饮用水水源区的加密监测及评估，摸清土壤优先保护区环境现状，进行安全性评估、评定和划分耕地土壤环境安全等级，建立土壤环境数据库，对土壤安全实施动态信息管理。

（2）开展土壤污染场地调查及评估，强化对被污染土壤的环境风险控制。实施搬迁关停企业场地的污染排查及风险评估工作，积极开展历史遗留工业场地的环境调查及风险评估，结合评价结果及场地未来规划，提出修复技术建议。强化对关停搬迁企业场地的环境风险管控，加强对历史遗留污染场地无害化管理，定期排查关停搬迁工业企业和历史遗留污染场地，建立历史遗留污染场地清单和动态信息管理系统。严控关停搬迁企业场地再开发利用建设项目审批。

（3）做好污染耕地的分类管理和安全利用。根据耕地土壤环境质量调查评估结果，确定被污染耕地的范围和面积，提出被污染耕地土壤环境风险控制方案；对已被污染的耕地实施分类管理，加强被污染耕地土壤安全利用管理。对土壤污染较重、农产品质量受到影响的耕地，结合当地实际，先后采取农艺措施调控、种植业结构调整、土壤污染治理与修复等措施，确保农产品产地土壤环境安全；对土壤污染严重且难以修复的耕地，当地政府应依法将其划定为禁种植特定农作物区域。

3. 实施重点区域土壤污染治理与修复

（1）确定土壤污染重点治理区。以工业园区周边重污染工矿企业、重金属污染防治重点企业、集中污染治理设施周边、废弃物堆存场地、历史遗留重污染工矿场地、关停搬迁重污染工矿企业废弃地等为重点，在全省土壤污染状况调查基础上，划定土壤污染重点治理区，明确重点治理区域的范围和面积。

（2）开展土壤环境保护与修复治理示范。优先实施历史遗留工业企业场地修复治理省级试点示范项目，编制实施方案，因地制宜地开展污染场地土壤综合治理与修复工作。筛选确定并实施关停企业场地的土壤治理与修复示范项目，根据云南省土壤污染的主要类型，按照“风险可接受、技术可操作、经济可承受”原则，结合技术、经济发展水平，确定土壤污染治理与修复试点示范的类型、区域和具体内容。开展耕地土壤环境保护与污染治理修复示范项目。实施工业企业场地土壤修复治理工程。逐步在污染问题突出的工业企业场地实施土壤修复与治理工程。

（四）深化污染物减排

1. 实施工业污染源全面达标排放计划

各市州县区政府对辖区环境质量负责，强化企业污染治理的主体责任，实行最严格的制度，源头严防、过程严管、后果严惩。合理确定各市州重点企业污染排放基数和核定减排任务，确保按照目标圆满完成减排指标。充分发挥环境影响评价制度、排污许可证制度、排污收费制度、环保“三同时”制度、环境监察制度、环境监测制度等环境管理制度的作用，强化环境监督管理，促进污染物减排。加快淘汰高污染、高环境风险的工艺、设备与产品，对不符合产业政策、环境污染重、不能实现稳定达标排放的落后产能、企业实施强制淘汰，对产能过剩行业和高污染、高排放行业实行新上项目产能减量置换。

2. 深入推进主要污染物减排

改革完善总量控制制度。基于环境质量状况和工程减排潜力，科学确定总量控制要求，优化增量核算方式，实施差别化管理。实施以云南省为主体的核查核算，推动自主减排管理，各市州向社会公开减排工程、指标进展情况。对特定城市、特定流域、特定湖库采用“一市一总量”“一河一总量”和“一湖一总量”的区域总量控制。

积极探索和制定适合云南省情实际的重点行业挥发性有机物排放指标和总量指标。以国家和云南省大力推行环保 PPP 项目为契机，通过大工程带动大治理，推动工业污染源全面达标排放计划有效开展。

3. 继续推进农村环境综合整治

（1）改善农村生态环境质量。统筹谋划农村环境综合整治，优化全省治理布局，科学安排整治内容，建立完善长效运行保障机制，切实解决农村突出环境问题，改变农村环保落后状况。注重环境整治规模效应，以试点先行、整县推进为主导模式，开展整治工作，将三峡库区上游涉及地区、云南省主要集中式饮用水水源地所在地区、九大高原湖泊、珠江（南盘江）流域等水污染防治重点流域、区域、沿边区县、少数民族人口比例 50% 以上的区县，以及重点旅游县作为重点，在“十三五”期间，优选芒市、宁蒗县、勐腊县等 51 个区县作为试点区县，针对云南省农村垃圾问题特别突出的现状，以垃圾处置“减量化、无害化、资源化”为重点，兼顾农村污水收集处理、饮用水水源地保护、禽畜养殖污染治理，深入开展农村环境综合整治。建立完善农村垃圾清运体系，以集中与分散处理相结合的方式，加快农村垃圾处理设施建设，实现垃圾无害化处理。完善村庄排水系统，因地制宜建设农村污水处理设施，构建农村污水就地处理体系。提高村民环境意识，控制散养禽畜的环境污染，切合山区实际建设禽畜粪便污染治理设施，推行畜禽养殖的规模化、集约化、标准化基地建设。开展PPP项目试点、多元化农村环境筹资治理模式。

（2）加强农村生态环境管理。加强基层环境保护能力建设，加强基层服务管理力量建设，乡（镇）和村级要全面配备环保员。建立健全各项工作制度，做到人员、职责、经费、场所、装备“五落实”，充分发挥环保办公室作用。加强环境监察队伍建设，县环保部门要根据环保执法工作需要，实施环境监察标准化建设，提高依法行政水平。

（3）实施农村生态扶贫。以精准扶贫、精准脱贫为原则，围绕环境保护部门的职能，聚焦边境地区、民族地区、革命地区、集中连片贫困地区，重点开展贫困地区的生态扶贫，结合农村环境综合整治、农业面源污染防治、饮用水水源地保护、重要生态功能区保护等，开展云南省重点贫困地区“一水两污”、生态文明村镇创建、土壤污染治理、小流域水土流失治理等生态扶贫工程。云南省通过任务、资金、责任的落实，到2020年，争取环保系统顺利完成扶贫地区、帮贫对象的彻底脱贫，实现全面小康的宏伟目标。

### （五）防范环境风险，保障环境安全

#### 1. 完善风险防控与应急管理体系

（1）加强区域环境风险防范。开展云南省环境风险区划，加强对环境敏感地区和环境风险源的定期评估，落实监管防控措施，建立和完善风险隐患排查制度，从源头上消除污染事故隐患。

（2）理顺应急管理机制。完善跨行政区、跨部门以及环保系统内部数据报送、信息共享的渠道，建立区域性环境突发事件统一指挥、协同作战、快速响应的机制。制订分地区、分行业的环境应急预案，定期组织开展多种形式的环境应急演练，加强环境安全应急技术和物资储备。

#### 2. 增强环境事件应急处置能力

（1）加强应急机构建设。依托云南省环境应急指挥体系，搭建具备风险评估与预警、多方远程协同会商体系的突发事件应急指挥调度

系统。按照《突发环境事件应急管理办法》（部令第34号）要求，完善云南省环境突发事件应急管理中心建设。提高应急装备建设水平，完善环境应急管理系统平台。组建云南省有机污染监测应急分队及重金属监测应急分队，加强环境风险重点防控区域简易应急监测能力的建设。

（2）妥善应对各类突发环境事件。具体措施为：一是加强预防针对性，持续关注环境相关的社会热点问题和群众环境诉求。二是加快修订突发环境事件应急预案，制订跨国界河流水污染事故应急方案。三是加强应急值守，严格执行信息报送制度。加强“12369”热线的督察抽查，确保各级管理平台运行正常，保持通畅、透明的社会信息公开途径。

# 第十一章　云南生态保护

生态保护是生态文明建设的基本要求。生态文明建设的重要目标就是要统筹好人与自然的关系，消除人类经济活动对自然生态系统构成的威胁，有效控制污染物和温室气体排放，保护好生态环境质量的改善和可持续发展。为此，生态保护与生态建设的本质是改善自然生态系统。良好的生态环境是可持续发展的基础，保护和改善环境是生态文明建设的基本要求和重要任务之一。

## 第一节　发展成果

自 2013 年制定颁布实施《云南省生物多样性保护战略与行动计划（2012—2030 年）》以来，云南省加快行动步伐，生态保护成绩卓著。具体表现在：一是 2016 年 4 月 16 日，生态保护红线①划定工作方案和技术方案基本拟定。二是《云南省生物多样性保护战略与行动计划（2012—2030 年）》有序推进，《云南省生态环境十年变化与评估项目》顺利完成。三是全省生物多样性保护联席会议成功举办并发布《云南省生物多样性保护西双版纳约定》，珍稀濒危、特有或极小种群物种的拯救行动以及重点受保护野生动植物的栖境修复与人工繁育工作成绩显

① 生态保护红线的实质是生态环境安全的底线，其目的是建立最为严格的生态保护制度，对生态功能保障、环境质量安全和自然资源利用等方面提出更高的监管要求，从而促进人口、资源与环境相均衡、经济社会生态效益相统一。生态保护红线具有系统完整性、强制约束性、协同增效性、动态平衡性、操作可达性等特征。生态保护红线可划分为生态功能保障基线、环境质量安全底线和自然资源利用上线。

著。四是全省自然保护区综合监察体系更趋于健全，自然保护区监控预警平台框架搭建已完成，对自然保护区内开发建设活动的实地督察步入正轨，迈向常态化。环保部门管理的三个国家级自然区得到中央财政专项资金3400余万元的支持，管理水平和科研水平进一步提高。

## 第二节　存在问题及重点发展方向

### 一　存在的主要问题

云南自然环境面临严峻的形势。云南自然生态环境多样性和脆弱性并存，而当前云南依赖于资源粗放型经营的经济增长方式还未实现根本性的转变，经济发展中的资源环境的"瓶颈"约束日益突出。具体表现在：一是森林生态功能衰退，草地退化严重，森林面积虽有增加，但林分不高。二是毁林开荒、过度垦殖的现象犹在，人地矛盾日益突出。三是物种多样性保护形势依然严峻，自然保护区无论从数量还是面积远远不能满足生态多样性保护的需求，许多珍稀野生动物面临威胁。四是水土流失仍很严重，边治理边破坏的现象依然十分突出，水土流失面积14.13万平方千米占云南土地面积的36.9%，导致生态灾害频繁。五是生态环境遭到破坏，流域生态系统退化。

### 二　重点发展方向

#### （一）严格生态空间管控

1. 实施环境功能区划

以《云南省环境功能区划研究》为基础，加快构建云南省环境功能区划体系，实施环境功能区划制度。科学布局生产空间、生活空间和生态空间，根据区域不同环境功能，制定差异化的环境质量目标、准入标准、考核评价体系。各级自然保护区、风景名胜区、水源保护区等自然生态保留区要禁止各类开发活动，维护珍稀物种自然繁衍；滇西北、滇西南等生态功能保育区要限制工业化和城镇化，增强生态产品生产能力，保障区域生态安全；芒市、洱源、罗平、会泽等食物环境安全保障区要加强土壤、灌溉用水监测监管及污染防治，维护提高农产品产地的环境质量；兰坪、蒙自、个旧等资源开发环境引导区要严格环境准入标准，规范引导自然资源有序开发；滇中地区及六大城市群等聚集环境维护区要加大环境治理力度，提高行业生产效率，加强环境风险防范，改善环境质量。建设云南省环境功能区划管理信息平台，为环境质量管理、精细管理提供支撑。

2. 完善生态功能区区划

贯彻落实《中华人民共和国环境保护法》《中共中央关于全面深化改革若干重大问题的决定》《中共中央国务院关于加快推进生态文明建设的意见》等关于加强重要区域自然生态保护、优化国土空间开发格局、增加生态用地、保护和扩大生态空间的要求，开展《云南省生态功能区划》修编工作。优化各级生态服务功能，满足西南生态屏障和国家生态安全的要求，扩大生态保护范围，将具有重要生态功能的地区全部纳入生态功能区范围。加强重要生态功能区的保护与恢复，保障国家和区域生态安全。

3. 划定并严守生态保护红线

开展云南省生态保护红线划定工作，将重要生态功能区、生态环境敏感区和脆弱区划入生态保护红线。建立“生态保护红线清单”，切实做好红线区的边界核定、落地及命名工作。加强生态红线区登记制度建设，提高生态保护红线系统管理水平。逐步建立生态保护红线监测网络、监测平台及分级管理的长效机制。加快建立健全生态保护红线管理法律法规体系，研究制定生态补偿机制与政策，建立生态保护红线的绩效保护评估制度，将红线的保护纳入地方领导干部的政绩考核。严守生态保护红线，实施分类分区管理，做到“一线一策”，严格执行性质不改变、功能不降低、面积不缩小和责任不改变的“四不原则”。以生态保护红线为基础构建云南省科学合理的生态安全格局，加强生态节点保护及生态廊道建设，保障国家和区域生态安全，提高生态服务功能。

（二）深入实施生物多样性保护行动计划

1. 推进生物多样性优先区保护

（1）编制与实施优先区域保护规划。联合相关部门开展优先区域保护规划编制工作，积极推动将优先区域保护规划纳入本地区经济和社会发展规划，争取政策和资金支持并组织实施。严格按照有关法律法规和规划的要求开展优先区域保护和管理，优先区域内新增规划和项目的环境影响评价要将生物多样性影响评价作为重要内容。根据优先区域生物多样性特点和社会经济发展状况，研究制定保护和管理措施，形成“一区一策”，努力做到区域内自然生态系统功能不下降，生物资源不减少。

（2）优化生物多样性保护网络。开展优先区域内现有自然保护区的保护效果评估，在分析保护空缺的基础上，优化自然保护区空间布局；通过新建保护区或提高保护级别等措施，加强对优先区域内典型生态系统、珍稀、濒危和特有野生动植物物种的天然集中分布区的保护；通过建设生物廊道，增强片段化保护区间的联通性，提高整体保护水平。加强保护小区建设，保护面积较小的重要野生动植物分布地。推动中国生物多样性博物馆建设。

（3）提高优先区保护基础能力。配合国家生物多样性保护重大工程的实施，开展优先区域生物多样性和相关传统知识调查编目，构建生物多样性观测站网，对优先区域保护状况、变化趋势及存在问题进行评估。优先支持在优先区域内开展生物多样性保护试点示范及农村环境连片整治示范工作。加强优先区域生物多样性保护宣传，积极鼓励和正确引导社会公众参与优先区域监督管理。强化优先区监管。

2. 加强生物多样性法规与制度建设

（1）完善生物多样性保护法规。加快立法进程，尽快颁布实施《云南省生物多样性保护条例》。加强环保部门管理的三个国家级自然区的规范化建设和生物多样性保护示范，推进会泽黑颈鹤国家级自然保护区“一区一法”建设。

（2）加快建立生物多样性保护评价体系。进一步开展相关研究工作，建立适合云南省的生物多样性保护的评价体系。在县域生态环境质量考核工作基础上，将生物多样性的变化趋势、生态资产保持率、保护绩效等方面列入评价指标体系，科学客观地评判全省生物多样性保护工作。将生物多样性保护作为生态文明建设目标体系的重要内容，纳入政府绩效考核。

3. 开展生物多样保护恢复与减贫示范

在既是生物多样性保护优先区域又是集中连片特殊困难地区，围绕替代生计、生态旅游、特色产业等开展生物多样性保护与减贫示范建设。研究建立生物多样性保护与减贫相结合的激励机制，促进地方政府及基层群众参与生物多样性保护。促进自然保护区与社区和谐发展。

（三）严格自然保护区管理

1. 严控自然保护区调整

认真贯彻《国务院办公厅关于做好自然保护区管理有关工作的通知》的要求，进一步严格自然保护区调整和管理工作。严格审核自然保护区调整理由，坚决杜绝不合理的调整。在西双版纳等具有较高价值的自然保护区调整中，核心区只能扩大，不能缩小或调换。严守调整程序，强化调整材料初审、遥感监测和实地考察，并充分征求公众意见，及时公布调整结果。建立健全责任追究机制，对于调整理由及相关数据资料存在弄虚作假、隐瞒事实等情况，责令相关责任单位和责任人进行整改并依法查处；对擅自调整导致保护对象受到严重威胁和破坏的相关责任人，要进行行政问责。

2. 完善自然保护区规划

制定实施《云南省自然保护区发展规划（2015—2025 年）》，优化自然保护区结构与布局。科学合理确定自然保护区的范围和界线，优化自然保护区各功能区划分，确保受保护对象得到妥善保护。对于由历史原因造成的明显不合理的规划，可以在充分论证、严格审批的基础上逐步调整，进行规划修编。开展自然保护区资源环境本底调查及勘界确权。

3. 强化自然保护区监管

（1）严把涉及自然保护区建设项目环评审核。涉及国家级自然保护区的建设项目，要严格执行环境影响评价制度即《涉及国家级自然保护区建设项目生态影响专题报告编制指南（试行）》，编制生态影响专题报告。及时组织开展涉及国家级自然保护区建设项目跟踪评价。对经批准同意在自然保护区内开展的建设项目，要加强对项目施工期和运营期的监督管理，确保各项生态保护措施落实到位。督促自然保护区管理机构开展动态监测，科学评价项目建设和运行对自然保护区产生重大不利影响，并及时向环境保护主管部门报告。

（2）强化环境产权主体。环境产权主要包括环境容量的使用权即排污权和享受优美环境的权利。虽然我国普遍实行排污收费制度，但真正意义上的排污收费制度尚未建立。当前，权利是历史发展的产物，在优美环境日益稀缺的今天，基于人的尊严及福利考虑，从法律意义上确认私人享受优美环境的权利迫在眉睫，只有确认私人享受优美环境的权利，才能使环境保护工作具有深厚的民众基础及动力。

# 第十二章　云南生态文明制度建设

制度是纲，纲举目张，生态文明建设必然涉及人民生产方式、生活方式、思维方式和价值观念的革命性变革，要实现这样的变革，必须依靠制度。经过多方努力，2014 年，云南省被列入全国第一批生态文明先行示范区建设，根据国家批复的《云南省生态文明先行示范区建设实施方案》，以及提出的 48 项生态文明建设指标，并按照国家生态文明先行示范区要在制度建设上先行先试的要求，云南把制度创新作为生态文明建设首要任务，成立了生态文明体制改革专项小组，2015 年重点研究推动了资源节约管理、资源有偿使用和生态补偿、生态文明绩效考核及责任追究等制度建设，取得了显著成效。

## 第一节　发展成果

### 一　探索建立生态文明建设评价考核机制

加强生态文明制度建设至关重要。云南省制定《贯彻〈党政领导干部生态环境损害责任追究办法（试行）〉实施细则》，提出生态环境损害责任追究的适用范围、追责情形、追责形式、追责主体、成果运用等，从制度上严防各级领导干部盲目决策，造成生态环境的严重损害。制订《云南省自然资源资产负债表试点方案（试行）》和《云南省关于贯彻落实〈开展领导干部自然资源资产离任审计试点方案〉的工作方案》，积极探索推进自然资源资产负债表编制试点和领导干部自然资源资产离任审计试点。实行差异化考核，对限制开发区和生态脆弱的 19 个一类贫困县取消 GDP 考核，对二类贫困县弱化 GDP

考核。

## 二　自然资源资产产权制度基本确立

云南省土地资源以加快开展集体土地所有权、集体建设用地使用权和宅基地使用权确权登记为主，确立了集体土地权属划分、界定，截至2013年年底，全省完成农村集体土地所有权登记2976.74万公顷，完成宅基地使用权确权登记9.23万公顷。森林资源通过同步推进集体林权制度主体改革及配套措施，全省确权集体林地2.70亿亩，确权率达98.9%，同时林权管理得到了进一步规范。草地资源统一确权登记工作基本完成，全省已颁发草原所有权证21.87万本、使用权证185.349万本，签订草原承包合同300.49万份。水资源通过全面建立取水许可制度，各类取水户全面纳入管理，全省三级取水许可台账和取水许可信息库得到完善。矿产资源实行采矿权、探矿权转让许可制度，通过成立云南省矿业权交易中心，进一步推进了采矿权、探矿权交易工作。总体来说，云南针对土地、森林、草地、水、矿产资源等主要自然资源的使用权、收益权、转让权均做了归属划分。

## 三　资源有偿使用制度逐步建立

矿产资源有偿使用以矿业权有偿取得和矿产有偿开采为重点，通过出台系列省级矿业权管理、交易以及矿产资源有偿使用等政策文件，明确了省:市州:县市区执行5:1:4的矿业权价款和使用费的分配比例，云南省较早实行了矿山地质环境恢复治理保证金制度，并曾在全国首先创立了矿产资源有偿使用费征收管理制度。水资源有偿使用以征收水资源费为核心，通过出台规范性文件明确了水资源费征收标准，通过建立水资源费分级征收管理制度，理顺了水资源费征收体系和水资源分配制度，按照中央:省:市州:县市区分配比例1:3:2:4进行收缴和入库；同时水资源费的使用也严格按照国家规定，用于水资源的节约、保护和管理方面的使用占60%以上。森林资源有偿使用以培育、保护、恢复森林资源为目的，实行了育林基金征收使用管理制度、占用征收林地补偿制度和森林植被恢复费征收管理制度，尽可能地减少因人为采伐和占用林地造成的森林资源损失。

## 四 生态补偿机制建设初见成效

### （一）生态保护补偿机制逐步建立并不断完善

明确生态价值权益，科学实施生态补偿。立足于国家现行有关技术规范，根据森林、湿地、草地、耕地等生态面积，按其生态价值形成一套符合云南特点的指标计算体系，每年动态计算全省 16 个市州、129 个县市区的生态价值大小，并以此为依据公平分配生态补偿资金。同时，对广泛分布的高原湖泊、饮用水水源保护区、自然保护区等按照统一方法计算难以充分体现而又确实具有较重要生态价值、生态保护支出责任较大的生态保护重点地区实施政策性补助。落实生态保护责任，动态监控考核惩罚。

实施生态建设资金预算绩效考评机制，并在 2009 年发布的《生态功能区转移支付办法（试行）》基础上，于 2015 年重新修订完善并发布了《生态功能区转移支付办法》，自 2008 年以来，云南省共安排生态功能区转移支付资金 1571958 万元，其中，2015 年安排 388500 万元。年均增幅达 40%，对生态保护的投入增幅大大高于其他一般支出增幅。

加大重大课题研究及试点建设，先后出台《云南省森林生态效益补偿资金管理办法》《云南省地方公益林管理办法》《云南省森林生态效益补偿基金管理实施细则》《云南省省内重点跨界水域水质补偿机制办法》等，从政策实施效果看，云南省实施的一系列制度创新，最终实现了以资金奖惩激励引导、以制度促进生态保护的目标。

### （二）生态保护补偿试点建设取得初步成效

#### 1. 森林生态补偿

云南省 2004 年启动实施森林生态效益补偿。为加快推进生态治理与修复，实施了天然林保护、退耕还林还草、防护林工程等一批重大林业生态建设工程，“十二五”期间，全省补偿资金累计投入 74.56 亿元，其中，中央财政投入 48.21 亿元，省级财政投入 26.35 亿元。其中，2015 年国家级和省级公益林补偿面积 13207.1 万亩，年补偿资金 17.93 亿元，从而实现林地面积、森林覆盖率、森林蓄积量三增长的态势。

2. 草原生态补偿

云南省草原生态补偿政策涵盖全省 16 个市州、112 个县市区、289. 12 万农牧户、1446. 52 万人。每年度实施草原禁牧补助 2731 万亩，草畜平衡奖励 15069 万亩，牧草良种补贴 721 万亩，牧民生产资料综合补贴 34300 户。安排年度补奖资金总计 47915 万元。2011—2014 年每年已兑付农户资金 41000 万元。草原生态补奖工作全面落实。

3. 跨界水域水质补偿

建立了开发地区、受益地区与生态保护地区、流域上游与下游补偿制度，拟订了省内重点跨界水域水质补偿机制办法，选取南盘江上游（曲靖市与昆明市）进行试点开展跨界河流补偿。以水环境区域补偿机制为例，玉溪和大理两地政府为保护抚仙湖及洱海水质做了大量保护工作，玉溪市实施“三退三还”，关闭了抚仙湖沿岸大量污染企业；为保护好洱海源头，大理州洱源县在招商引资、农业发展等方面都做出了让步。

云南省滇东北和滇西北两处高原湿地生态补偿试点项目共计下达项目资金 3500 万元，其中，2014 年大山包国际重要湿地生态效益补偿试点 2000 万元，目前项目进展顺利，成效明显，当地群众对项目实施反响较好，试点工作得到国家相关部门的肯定。2015 年，纳帕海国际重要湿地生态效益补偿试点 1500 万元，项目反响较好，前期工作推进顺利。

4. 重点生态功能区生态补偿

为弥补生态功能区所在地政府和居民为保护生态环境所形成的实际支出与机会成本，云南省在国家转移支付资金的基础上，进行了相应的配套，按照生态价值的大小，对云南省重要的生态功能区（县市）给予转移支付。2015 年，云南省安排各市州生态补偿资金 33. 64 亿元。在此基础上，对生态保护重点地区实施政策性补助 4. 56 亿元，奖励性补助 6458 万元，为云南省重点生态功能区建设提供重要支撑。

5. 开展碳排放权交易试点

云南省 2010 年成为国家低碳试点省后，积极开展碳排放权试点尝试，搭建省级碳排放权交易平台，研究制定交易规则，首笔森林碳汇自愿交易项目碳汇量为1.78万吨二氧化碳当量，交易金额为106.8万元。此外，开展退化土地竹子造林碳汇计量方法学的开发，获得中国第一个自愿碳减排标准（熊猫标准技术委员会）批准，并在国家发展改革委备案成功。

6. 自然保护区建设

云南省有着丰富而独特的自然资源，在全国主体生态功能区划中，云南省属限制开发区和禁止开发区，没有优化开发区。云南省的自然保护区建设在国内居于前列，积极探索和创建了中国大陆第一个国家公园试点——普达措国家公园，并成为中国首个国家公园建设试点省。

7. 生物多样性保护体系建设

在全国率先开展极小种群物种保护、野生动物公众责任保险，其中，滇金丝猴、亚洲象等极小种群物种被纳入拯救保护项目，珍稀濒危物种得到拯救保护，野生动物公众责任保险实现了全省全覆盖。

8. 风景名胜区建设

云南省共设立了国家级风景名胜区12个，省级风景名胜区54个，总面积约2.82万平方千米，占全省面积的7.15%，并积极将风景名胜资源中的精品申报列入世界遗产，有世界遗产5个（自然遗产3个），世界遗产预备名录2个。风景名胜区已纳入《国家主体功能区规划》，目前，“国家法律—行政法规—地方规章”的三级法律法规框架已形成，省级层面以上的风景名胜区管理体系已初步建立，风景名胜区收益专门用于景区资源保护和管理以及景区内财产所有权人、使用权人损失的补偿。

## 第二节 存在问题及重点发展方向

### 一 存在的主要问题

#### （一）自然资源资产统计推进缓慢

截至2015年，云南省尚未开展自然资源资产负债表编制工作，由于在实际编制工作中存在诸多困难，最终导致云南的自然资源资产负债表编制工作进展极其缓慢。

（二）资源环境价值未能体现

矿产、水、森林等资源价格形成机制未能充分反映资源的稀缺性和环境外部成本。云南现行的矿产资源有偿使用制度对资源节约和生态环境保护的作用极其有限，导致矿山环境治理的经济效益不凸显或滞后，极易挫伤企业参与积极性。水资源有偿使用价值核算内涵较窄、定价标准偏低。森林资源也存在育林基金和森林植被恢复费征收标准偏低、占用征收林地补偿标准偏低、忽视公益林生态价值等问题。

（三）生态环境补偿力度不够

云南省是我国生物多样性宝库和西南生态安全屏障，地处六条大江大河上游，特殊的生态功能地位使云南为生态保护牺牲了许多发展机会。而云南仅有 18 个县纳入国家级重点生态功能区，与省政府确定的 44 个生物多样性保护重点县之间数量差距较大，中央转移支付远未能满足云南对生态功能区的补助性需求，省级财政压力十分巨大。此外，云南生态补偿案例少、覆盖领域小，在重要生态功能区、重大资源开发地、重要江河流域、主要城市水源地、重点自然旅游景区等缺乏有效的生态补偿机制模式、补偿手段较为单一，也影响了生态补偿制度的有效实施。

（四）主体功能区配套政策落实难

虽然云南省主体功能区战略实施进行了积极尝试，开展了配套资金对生态功能区进行转移支付，云南主体功能区战略推进也取得一定的成效，但国家及省级相关配套政策的研究制定工作仍然严重滞后于规划的实施步伐。此外，绩效考核评价体系尚未建立、协同联动机制和政策合力尚未形成，也是影响规划实施效力的重要制约因素。

## 二　重点发展方向

（一）健全自然资源资产产权制度和用途管制制度

一方面，对全省范围内的水流、森林、山岭、草原、荒地等自然生态空间进行统一确权登记，明确国土空间的自然资源资产所有者、监管者及其责任。另一方面，建立权责明确的自然资源产权体系，健全自然资源资产管理体制。

（二）完善生态补偿制度和资源有偿使用制度

生态补偿是为使生态影响的责任者承担破坏环境的经济损失，对生态环境保护，建设者和生态环境质量降低的受害者进行补偿的一种生态经济机制。第一，要建立健全有利于自然保护区、森林公园、国家公园、湿地公园等保护地的生态保护补偿机制。第二，加大对重点生态功能区的财政转移支付力度的同时，探索建立横向流域生态补偿机制，完善生态保护成效与资金分配挂钩的激励约束机制。第三，建立和完善反映市场供求状况、资源稀缺程度和环境损害成本的资源性产品价格形成机制。第四，完善土地、矿产资源有偿使用制度。推行市场化机制，推动用能权、碳排放权、排污权、水权等交易，推进环境污染第三方治理。

（三）加强资源环境生态红线管控

对能源、水、土地等战略性资源消耗总量实施管控，强化资源消耗总量管控与消耗强度的协同。设置大气、水和土壤环境质量目标，并与污染物总量控制指标相衔接。划定并严守生态保护红线。加强统计监测能力建设，完善资源环境承载力监测预警机制，将各类经济社会活动限定在红线管控范围以内。

（四）完善生态文明绩效评价考核和责任追究制度

完善主抓部门的主抓责任。具体体现在以下四个方面：第一，建立生态文明综合评价指标体系；第二，建立资源环境承载能力监测预警机制；第三，探索编制自然资源资产负债表，开展领导干部自然资源资产离任审计；第四，实行差异化政绩考核制度，探索生态环境损害赔偿制度，建立完善生态环境损害责任追究制。

# 案 例 篇

# 第十三章　普洱市绿色试验示范区建设

“绿色经济”这一概念是英国经济学家皮尔斯在1989年出版的《绿色经济蓝皮书》中首次提出的。绿色经济是一种新型的可持续发展的经济模式。生态文明建设需要以发展绿色经济为支撑，以可持续发展为道路，绿色经济体现了一种全新的经济发展范式。2013年6月15日，国家发展改革委正式批复了《普洱市建设国家绿色经济试验示范区》，建设绿色经济试验示范区在中国尚属首次，它是一次伟大的历史性探索，其建设，既对云南省乃至全国推动绿色循环低碳发展、建设生态文明具有重大的理论与现实意义，也对我国边疆民族欠发达地区立足自身优势转变经济发展方式、实现跨越式发展具有促进和示范作用。

## 第一节　普洱市发展绿色经济的意义

### 一　发展绿色经济是生态文明建设的重要路径

在2012年召开的联合国可持续发展大会即“里约+20”峰会上，全球193个国家签署了《我们憧憬的未来》的文件，明确了绿色经济实现可持续发展的重要手段。绿色经济是实现社会进步、经济发展、环境保护的可持续为目标的经济发展模式。从绿色经济内涵可以看出，绿色经济具有以人为本、以发展为动力、以可持续为基本特征，是符合生态文明建设内涵的经济发展模式。发展绿色经济，是云南在面临新型工业化、城市化困境下，破解资源环境“瓶颈”，转变经济发展方式，建设生态文明的必然选择。

**二 在普洱市发展绿色经济是云南省“桥头堡”战略的重要举措**

《国务院关于支持云南省加快建设面向西南开放重要桥头堡的意见》中明确支持普洱市“大力发展循环经济，建设重要的特色生物产业、清洁能源、林产业和休闲度假基地”。云南省提出了“绿色经济强省、民族文化强省和面向西南开放桥头堡”的发展战略。普洱市是云南省在发展绿色经济、建设生态文明工作中的重要阵地，是云南省桥头堡战略的重要举措。

**三 普洱市绿色发展面临的问题**

普洱市发展面临基础薄弱，能力不足，经济欠发达，基础设施建设严重滞后，科技人才缺乏等现实窘境，人民群众加快发展的意愿迫切，在如何维护保持好优美城乡生态环境基础上实现跨越式发展的压力巨大。其中，一部分干部群众对绿色经济发展路径认识不清，受传统经济发展方式的思维惯性的制约，延缓了绿色经济的发展。因此，发展绿色经济已经成为普洱市在生态文明建设道路上的必经之路，要全面开展生态文明建设，就必须以绿色经济发展为抓手，以普洱市为发展重点，在全面贯彻深入推进云南省“桥头堡”战略，建设普洱绿色试验示范区，用示范区建设带动普洱市全社会发展全面转向绿色发展模式。与此同时，通过绿色试验示范区的建设最终推动全省绿色发展。

## 第二节 解决问题的主要思路

基本思路可以概括为：思路决定出路。一是普洱市绿色试验示范区的建设必须立足于普洱市的基本市情，因地制宜，是普洱市绿色发展的认识起点。二是树立绿色发展理念的自行。三是科学谋划，在实践中建立绿色发展的自信道路，同时，坚持以人为本的绿色化发展，以绿色为核的多元化发展的发展模式。即在全面分析普洱市现行绿色经济发展现状的基础上，重点从优化和规划国土空间开发格局、实施存量经济绿色化改造、强化增量经济的绿色化构建、推动全社会绿色发展、加强生态建设和环境保护、创新绿色发展体制机制等方面来进行，通过上述六项工作的开展，解决目前普洱市产业发展格局、生态安全格局不集约不高效，节能降耗、资源综合利用，循环发展落后，特色创新型产业发展动力不足，全社会绿色发展氛围不强烈，绿色发展体制机制不完善等问题。

强化科技创新平台支撑和企业孵化器建设。从先进省市的发展经验看，急需围绕重点产业链和转型升级需求，建设一批集技术研发协作、中介服务、资源共享和成果转化为一体的支撑平台。开展重大研发平台引进建设，吸引国家大型科研机构、央企、工程技术研究中心、国家级重点实验室等与云南省共建分院、分公司、分部。改变云南省缺少大院大所、创新基础薄弱的局面。鼓励和推动全省企业、高校、科研院所共建各类创新平台，如省级以上重点实验室、省级以上企业技术中心、工程技术研究中心、省级重点产业技术创新战略联盟、科技企业孵化器、生产力促进中心、国家技术转移示范机构、技术经纪机构、大型科学仪器设备、科技文献、科技信息、自然科技资源、实验动物技术服务等科技资源共享平台。健全人才机制，积极引进人才。借鉴湖北“光谷生物园”“一个人才带动一个项目，搞活一个产业园区”的用人引人机制。要珍惜和争夺人才，把人才当作战略发展的重要环节和最稀缺资源。加快转变政府人才管理职能，用足用好为数不多的高校、科研院所等，确保人才引得进、留得住、流得动、用得好。

## 一　优化国土空间开发格局

优化国土空间开发，应坚持以下两个原则：一是积极落实主体功能区战略。按照主体功能区定位，统筹生产力布局，调整优化空间结构。二是构建科学合理的城镇化格局、产业发展格局、生态安全格局，从而促进生产空间集约高效、生活空间宜居适度、生态空间山清水秀的一体化格局。

## 二　实施存量经济绿色化改造

存量经济绿色化改造。具体包含两方面的内容：一是从生产方式来讲，生产过程是绿色循环低碳，也就是生产过程中要节能降耗、清洁生产、资源综合利用。提升资源产出率，从而增强经济发展的质量、效益。二是增量经济的绿色化构建。一方面，根据绿色发展要求对增量经济进行规划设计；另一方面，大力发展特色优势产业、现代服务业和战略性新兴产业。

### 三 推动全社会绿色发展

全社会绿色发展主要从以下两个方面来推进：一是从资源回收的角度，完善再生资源回收利用网络体系，推进交通运输体系绿色化，推广绿色建筑；二是从政府的角度，构建节约型政府，强化全社会生态文明教育，培育绿色文化，最终形成节约、绿色、低碳的生活方式。

### 四 加强生态建设和环境保护

良好的生态环境是生态文明建设内容之一。普洱市牢固树立尊重自然、顺应自然、保护自然的生态文明理念，坚持“保护环境就是保护生产力，改善生态环境就是发展生产力”的战略思想，以纵深推进生态文明建设为抓手，划定生态保护红线。

### 五 创新绿色发展体制机制

绿色发展为生态文明建设提供动力源泉，是生态文明建设的根本。体制机制为生态文明提供制度支持。生态文明体制机制建设是驱动普洱市绿色发展的制度保障。

## 第三节 主要内容及做法

### 一 优化国土空间开发格局

#### （一）优化区域经济布局

普洱市充分借鉴国内外发达省（市）、县（区）成功实践经验，规划引领，谋划优化国土空间开发格局。规划走在时代发展的前沿，站在全国的高度。把握已有的资源禀赋，用发展、全局、系统的战略眼光，谋划新区的发展，以一以贯之、一张蓝图绘到底的战略定力，抢抓机遇、融入国家战略的发展意识，充分发挥规划对经济社会发展的引领作用，发挥战略对规划实施的引领作用，发挥项目对战略实施的核心作用，加强宏观思路谋划，密切跟踪经济形势，强化政策预研储备，深入研究重大课题，建设平台，谋划项目。

1. 以思宁一体化为核心，打造通道经济板块

以思宁一体化为核心、以昆曼大通道为纽带，打造思茅、宁洱、江城、墨江通道经济板块。总体思路是：一是依据思茅区作为省级重点开发区域的主体功能定位，将思茅建成滇西南经济、文化、商贸、金融中心城市。二是依托思宁墨江经济带资源优势，在通道经济板块重点布局茶产业、绿色载能、清洁能源、文化旅游养生“四大支柱产业”和咖啡、烟草、蚕桑、生物药、渔牧“五大骨干产业”。三是沿昆曼大通道布局建设绿色工业经济带，按照一区多元的发展模式，树立大园区理念。重点建设普洱工业园区，将宁洱和墨江两个园区调整为普洱工业园区所属片区，三片区整体建成绿色、循环、低碳的现代生态工业园区。四是充分发挥通道板块毗邻越南、老挝的沿边优势，积极探索建立中国（普洱）—越南（奠边府）—老挝（丰沙里）三国边境经济合作区。

2. 以景谷发展极为中心，打造两山经济板块

以景谷发展极为中心，充分发挥无量山、哀牢山资源优势，精心规划，打造景谷、景东、镇沅“两山经济板块”。

3. 以澜沧发展极为中心，打造绿三角经济板块

以澜沧发展极为中心，突出绿色和民族文化两大主题，把澜沧县城建设成为区域次中心城市，打造澜沧、孟连、西盟绿三角经济板块。

（二）统筹城乡绿色发展

1. 做大做强中心城区

一是以普洱中心城区为核心，完善城市功能，改善市民生活便利化条件，加强生态环境整治，完善城市绿化体系，积极建设“智慧城市”，努力争创“国家森林城市”“中国人居环境奖”乃至“联合国人居环境奖”。

二是推进城市综合体建设。吸引各类经济主体聚集发展，实现以

城聚产，以产兴城。积极利用一切有利条件，大力推广低能耗绿色建筑。

2. 做精做优县城

推进县城新区建设，按照“城镇上山、组团发展”的思路，采取产城融合发展方式，稳步推进县城新区建设。打造体现民族特色、地方风格的城市风貌。实施净化美化工程、湿地工程、厕所工程、城市风貌工程、城市交通通经活络工程。

3. 打造特色城镇，建设美丽乡村

加强传统村落保护和特色民居建设，全面改善农村居住和生活环境，积极发展庄园经济和家庭农场。

## 二 推行绿色生产方式

### (一) 发展绿色工农业

工业方面具体包括优化工业结构，强化节能降耗，实施工业清洁生产，推进资源综合利用，推动工业园区循环化。农业方面主要包括四个方面：一是发展特色优势种养业，稳定粮食生产，建设高原粮仓。二是落实国家强农惠农富农政策，推广现代农业技术，实现科技增粮。发展特色经济作物；稳定橡胶种植面积，建设生态胶园；大力发展现代农业蔬菜产业，着力建设特色蔬菜基地；推动农业集约节约发展，发展立体农业。三是实施农业清洁生产。四是推动农业产业化、循环化发展。

### (二) 发展绿色服务业

1. 发展金融服务业

深化地方银行金融改革，加快引进金融机构，支持发起设立村镇银行，培育发展小额贷款公司、融资登记服务机构、资本管理公司和股权投资基金类企业等新兴金融业态。加大普洱企业参与资本市场支持力度，推进云南咖啡交易中心、云南普洱茶交易中心、思茅区东南亚农产品交易及结算中心建设，加大扶持力度，鼓励企业到“新三板”挂牌交易。鼓励金融机构开展绿色信贷，对绿色经济项目重点给予信贷支持，创新金融产品服务方式，探索开展节能量、排污权、碳指标质押贷款，探索建立宅基地使用权、林权、土地承包经营权等产权抵押贷款的融资机制，完善农村信用体系和中小企业融资担保体系。积极推进沿边金融综合改革试验区建设。加快信用体系建设，加强县域及地方金融风险的预警、处置机制。

2. 发展商贸物流业

改造提升传统商贸物流业，鼓励和支持发展第三方物流企业，引导和支持商贸物流企业强化仓储和配送中心建设，积极发展特许经营和网络营销等新型流通商贸业，培育发展骨干龙头企业，提升商贸物流业社会化、专业化、信息化和规模化水平。加快口岸、通道规划布局和建设，建立跨境经贸通道和物流网络，大力发展保税物流和口岸商贸流通业。

3. 推动重点行业清洁生产

推进商贸业照明、通风系统改造，推行和完善垃圾分类回收。推进第三方物流企业技术改造升级，推广使用节能环保物流设备，降低物流综合损耗和能耗。建立物流运输包装回收机制，加强包装物回收利用和再生利用。建立和完善商贸物流公共信息查询服务系统和商贸物流电子商务平台，加快商贸物流运转；加强旅游资源保护性开发，推进旅游设施建设采用节能环保产品、利用可再生能源，支持旅游景区使用节能环保交通工具，完善旅游景区垃圾分类回收设施体系。重点景区配套建设雨水收集、雨污分离和污水再生利用系统；引导企业开展合同能源管理。开展酒店绿色饭店评定工作。

## 三　建设四大绿色产业基地

### （一）建设特色生物产业基地

一是打造茶循环经济产业链。推行茶园生态立体种植，建设有机茶园基地，发展茶庄园经济。

二是打造咖啡循环经济产业链。加快建设以咖啡树为主体、立体复合种植、多物种组合的生态咖啡园，培育咖啡骨干企业和知名品牌。

三是打造生物药循环经济产业链。推进生物药材规范化与规模化种植，重点发展石斛、佛手等主要品种，规模化种植重楼、黄精、白芨等优势品种，建设特色中医药材种植基地。培育生物医药产业骨干企业和知名品牌，将淞茂、康恩贝高山生物农业、大唐汉方制药等公司打造为龙头骨干企业，扶持具有自主知识产权的“复方美登木”“尿酸消”“石斛保健品”“铜锤百花胶囊”等技术成果实现产业化。

四是打造高原特色食品产业链。创建高原特色农业示范县、示范园和示范小区（场），推进高原特色食品种养业基地建设。

（二）建设清洁能源基地

稳步推进水电发展，全面建成糯扎渡、普西桥、长田、勐野江4座大中型水电站，合理开发曼老江、者干河、南朗河、勐嘎河等小流域梯级电站，适当开发满足边远农村用电需求、以电代燃料的小型水利水电工程，鼓励中小水电资源整合和规范建设。积极开发风能、太阳能，加快推进墨江联珠、澜沧甲倈波、宁洱硝井风电场建设，适时开发其他县的风电资源。全面发展绿色节能交通。

（三）建设现代林产业基地

加大林产业基地建设投入与力度，以景谷、镇沅、澜沧三县为中心区，建设林浆纸原料林基地。做强做优林业产业链，加快发展林（竹）浆纸纤产业，优化发展林化工产业。

（四）建设休闲度假基地

围绕普洱茶文化、民族文化、宗教文化、生态体验、健康养生、高端医疗保健、康体运动等主题开展特色休闲度假基地建设；推进古村落保护与旅游开发；完善信息系统、旅游交通、游客服务中心等公共服务设施建设，启动全市智慧化旅游建设。

## 四　推动全社会绿色发展

### （一）建立资源回收利用体系

#### 1. 建立再生资源回收利用体系

完善再生资源回收运输管理和运作机制，编制《普洱市再生资源回收体系建设规划》，探索建立政府引导推动、市场主导运作的再生资源回收机制。支持、引导培育发展一批专业化再生资源回收专业龙头企业。更新改造、扩建和新建一批专业回收站（点）、回收中心和分拣中心和集散交易市场，加强回收系统规范统一管理，完善再生资源回收网络和回收服务。

2. 推动餐厨废弃物资源化利用

科学规划收运作业流程和定点、定时、定路线的“三定”收运制度，推进建立高效快捷、覆盖普洱中心城区、思茅一体化主城区和工业园区的餐厨废弃物分类收运体系。引进或培育专业化餐厨废弃物回收、运输和处理企业，建设思茅餐厨废弃物资源化利用和无害化处理工厂，鼓励利用餐厨废弃物生产沼气、有机肥等。研究出台《普洱市餐厨废弃物管理办法》，健全餐厨废弃物监管体系，实现对餐厨废弃物产生登记、定点回收、密闭运输、集中处理、资源化环节的全覆盖，加大违法排放、制售或使用“地沟油”打击力度。

（二）推广绿色建筑和建筑节能

开展建筑能效标志工作。落实节能措施，开展大型公共建筑和办公建筑通风、照明、热水等用能系统的节能改造。推荐符合条件的项目进行星级评价。严格落实绿色建筑强制政策，政府投资建设的学校、医院、博物馆、科技馆、体育馆等建筑、国家机关办公建筑、大型公共建筑和保障性住房全面执行绿色建筑标准。鼓励房地产开发项目开发建设绿色建筑，引导全社会参与发展绿色建筑，强化绿色建筑建设指导。巩固“禁实”和“禁粘”工作，加大绿色建材和新型墙体材料应用推广力度，培育发展绿色建材企业和产业。促进建筑废弃物高值利用，推广利用再生建材。

（三）推行绿色消费模式

引导促进节能环保产品和节能省地住宅等消费，引导和促进人们改变传统婚丧嫁娶大操大办、就餐大吃大喝、外出旅游随意丢弃的陋习。以节油、节电、节水为重点，推行“绿色居家准则”，开展“节能减排全民行动”。限制一次性产品销售和消费，严格商贸流通业执行“限塑令”，鼓励和引导商品零售场所制作、销售和创设可重复使用购物袋，鼓励消费者自带购物袋。重大节庆假日，要加大对商品零售市场检查力度，限制或避免过度、豪华包装。进一步完善对全市残疾人、重点优抚对象、现役军人和 60 岁以上老年人等免费乘坐公交车和学生等优惠乘坐公交车措施，发展公共自行车系统，推动绿色出行。建立健全政府部门节约制度体系。

（四）实施大循环战略

依托普洱循环经济信息网，示范建设循环经济技术、市场和服务等公共服务平台。引导和支持组建循环经济联合体，促进工业、农业和服务业等复合发展，示范探索新型产业组织模式。推进水泥余热发电、协同资源化处理生活废弃物和工业园区中水跨领域循环利用，促进建立生产与生活系统的链接循环。发挥邻边和与越南、老挝和缅甸三国接壤的优势，建设边境经济合作区，开发利用国内外两个市场和两种资源。

（五）培育绿色文化

培育绿色文化，具体来讲，包括以下四条途径：一是充分利用报刊、网络、电台、电视、手机、街头电子屏幕和社区布告栏等媒介，开展形式多样的常态化绿色经济宣传。二是推动普洱境内高等院校和职业教育机构开设绿色经济课程和专业，加强绿色经济研究和学术交流。三是普洱市各级党校制订计划，对干部进行绿色经济知识轮训。四是深入开展绿色创建活动，建设绿色文化载体。

## 五　加强生态建设与环境保护

（一）加强生态保护和修复

1. 加强森林保护与恢复

加强完善天然林管护，加强公益林保护和管理。一是建设公益林，建立公益林监测体系和地方公益林生态效益补偿机制，严格执行森林采伐限额管理，加强森林防火和林业有害生物防治，提高森林质量和生态效益。二是巩固退耕还林建设成果，实施新一轮退耕还林还草。三是积极探索开展森林碳汇试点，加大植树造林力度、调整林分结构、提高林分质量，扩大林业固碳减排成效。

2. 保护生物多样性

加强生物物种资源的保护与监管，完成生物多样性及传统知识的本底调查编目工作，建立完善的生物多样性监测、防控和评估体系以及信息化管理系统；扩展生物多样性保护区域，提升现有各类保护区的建设和管理水平，积极推进市级保护区建设，各自然保护区设置独立管理机构，分区管理；探索建立有效的生物资源可持续利用创新模式，建成一批在省内具有重要影响力的生物多样性可持续利用示范基地。

3. 加强湿地保护与恢复，防治水土流失

一是建立普洱市湿地保护的协调机制和管理体系。具体包括设立普洱市湿地保护管理中心，组建湿地保护管理工作队伍，建立和完善湿地科研监测体系。

二是开展普洱市重要湿地认定工作，划定普洱市重要湿地界线，设定界标，明确湿地保护红线。

（二）加大环境保护力度

1. 强化污染减排和治理

实施主要污染物总量减排全面推进战略。一是推进制糖、制胶等重点行业污染整治，淘汰水泥行业过剩产能，强化大气污染物总量控制，对重点污染行业开展燃煤锅炉改造和烟气脱硫改造。二是加强已建成污染治理设施的监管，对新建项目按照先进的生产技术和严格的环保要求进行管理，对企事业单位主要污染物排放总量实行控制制度和排污许可证制度。三是提高选择适宜区县开展再生水利用设施项目建设，因地制宜建设农村生活污水处理设施。

2. 严格保护饮用水水源地

加强集中式饮用水水源地保护，开展和划定城市集中饮用水水源地、各乡镇、重点村庄饮用水水源保护区，对城市集中式饮用水水源地，划分出水域范围及陆域范围，对规模以上乡镇和乡村供水水源地分别编制保护规划，对其他饮用水水源地进行分类分区统计，按国家标准进行保护；加强水源涵养林保护和植被恢复。加强水源地各种环境风险防控，定期开展水质全分析，发布饮用水水源地水质监测信息，建立健全饮用水水源安全预警制度。

3. 加强农村环境整治

积极开展农村人居环境综合整治，保障农村饮水安全，加强污水治理，因地制宜地加强农村生活垃圾无害化处理，全面改善农村生产生活条件，创建美丽宜居示范村庄。

## 六 强化绿色发展的基础设施支撑

### （一）加快综合交通体系建设

大力推进低碳交通运输体系建设，将低碳交通要求贯彻到交通基础设施规划、设计、施工、运营、养护和管理全过程。发展农村公路绿色低碳养护，积极探索资源回收和废弃物综合利用的有效途径；进一步拓展普洱至国内重点城市的航线，做好澜沧机场建成投入运营后的航线开展工作。做好普洱思茅口岸机场的申报和建设等相关前期工作，为开辟东南亚、南亚等国际航线奠定基础。普洱市结合国家和省铁路网规划布局，完成普洱市铁路网规划。

### （二）加强水利基础设施建设

加强已建成水利基础设施的保护；加快实施骨干水源工程建设；启动并开工建设黄草坝大型水库；建设跨流域水资源配置工程，完成普洱市大中河水库思茅坝区引水工程建设。一是大力促进高效节水灌溉，实施灌区节水改造工程。二是加快推进农村水土保持治理，加强村组周围水土保持林和水源涵养林建设，大力推进坡耕地、小流域综合治理和生态清洁型小流域的建设。三是加快农村水环境整治工程步伐，推进重要江河干流及中心河流治理，开展中小河流治理工程。

### （三）加快城乡污水垃圾处理设施建设

#### 1. 加快污水处理设施建设

加强对各县区污水处理厂及配套管网的建设力度，确保全面完成。尽快启动普洱中心城区污水处理厂污泥处置项目和再生水利用设施项目、普洱主城区雨水管网改造工程及普洱老城区污水管网改造工程。启动全市建制镇污水处理项目建设，在有条件的县区开展再生水利用设施项目建设，建设城镇生活污水脱氮除磷深度处理示范工程。

#### 2. 加快生活垃圾处理设施建设

推进生活垃圾的分类收集，健全收运体系。加快推进江城、景谷、景东、镇沅、墨江、宁洱6个在建垃圾渗滤液处理站建设，加快已完工孟连、西盟、澜沧3个生活垃圾渗滤液处理站的设备调试及试运行工作。加快推动思茅区综合利用生活垃圾处理场建设，选择当前国内最先进的生活垃圾处理工艺，做好项目选址、前期及工艺选择和建设。

# 第十四章　循环经济发展典型案例

近年来，云南省全面推进循环经济发展，云南省发展改革委、省政府为探索不同区域、不同行业循环经济发展模式，先后开展了两批47个循环经济试点工作，为探索建立不同行业、领域、区域循环经济发展的有效模式发挥了试点示范作用。各试点在发展循环经济过程中均取得了积极成效。第一产业相关行业涌现出了以洱源县、姚安县为代表的农业循环经济发展典型案例，第二产业相关行业涌现出以云南驰宏锌锗股份有限公司、云南铜业股份有限公司、云南锡业集团（控股）有限责任公司和临沧制糖企业为代表的工业循环经济典型案例，普洱市则发展了综合性的循环经济模式。

## 第一节　产业层面循环经济发展案例

### 一　姚安县农业循环经济发展案例

#### （一）问题的提出

云南省楚雄州姚安县是一个典型的农业县，为充分利用农业资源优势，立足农业实现农民增收，姚安县确立了烟、桑、畜、蔬、菌的五大产业发展思路，并全面推进，但是，随着发展的全面推开，烟草种植业及其余主要作物种植产生的秸秆综合利用率低，农作物用肥、用药强度大，农业产业内部及农业产业与加工制造业等耦合度低等问题全面暴露出来，为了全面解决姚安县农业发展中出现的问题，解除农业发展的“瓶颈”，开始全面探索农业领域循环经济发展模式并依托全省开展循环经济试点工作的契机，通过努力申报成为全省第二批循环经济试点示范县，通过农业循环经济的全面试点示范，推动全县农业产业的全面发展。

（二）解决问题的主要思路

以农业循环经济示范试点建设为主要抓手，依托当地现有的资源优势和生态产业雏形，以企业和农户为实施载体，大力规划发展种植业、养殖业及农产品加工业，通过产业的优化布局及产业链的延伸，着力培育和延伸优势农产品生产加工、农村能源等主导产业循环经济产业链，引导资源耗费型农业向资源循环利用型农业转化，注重利用循环经济的理念指导农业生产，大力发展节约型农业，开展农业内部“小循环”及工业介入“大循环”、农业观光旅游等的模式，推动农业循环经济的快速发展，突破姚安县农业发展面临的“瓶颈”。

（三）主要内容及做法

1. 全面发展农业秸秆综合利用模式

姚安县大力开展农作物秸秆综合利用。一是将农作物秸秆作为原料，代表企业为姚安县农哈哈生物科技有限公司，其利用桑枝和稻草大棚种植茶树菇，年产值过百万元；二是作为肥料，通过中低产田改良项目，推广秸秆还田技术，提升土壤有机质含量，减少了化肥投入，亩平均节本增效 15 元。

2. 全面发展肥药减量增效节约型模式

具体做法：一是推广实施测土配方施肥，使亩均肥料的利用率提高 10%，年减少亩施化肥用量 8—10 千克。二是实施农作物病虫害统防统治，推广频振式杀虫灯、性引诱剂、黄色粘板的应用，推广 BT 等生物农药的应用，减少了化学农药的使用，亩均减少用药成本 20 元，亩增产量 20—40 千克，亩平均节本增效 60—80 元。

3. 全面发展工业介入农业的产业化模式

姚安县以培育壮大农业龙头企业为着力点，实施工业介入农业的产业化模式，通过云南海润茧丝绸有限公司等龙头企业，实施蚕桑循环经济项目示范建设，形成农产品生产—加工—生产的循环利用模式。通过发展桑枝屑培养食用菌、桑叶制作桑叶茶及养蚕等循环型桑蚕业，带动姚安县桑蚕养殖农户 5000 余户，涉及 2 万余亩种植面积，使亩桑收入提高约2100元。项目实施带来经济收入4250.8万元，同时，提高了县域植被覆盖率，有效地防止水土流失，保护生态环境。

4. 全面发展农业循环休闲观光旅游业

姚安县整合历史文化资源及农业资源，大力打造农业观光旅游，发展果蔬采摘等农家乐休闲娱乐项目，重点建设光禄产业新区、西湖科普休闲观光旅游区、马游彝族梅葛文化生态旅游区、左门花椒园生态旅游区、南华咪依噜风情谷乡村旅游区等农业旅游观光区，打造万亩荷花、油菜花田园风光，实现了旅游与农业的良性互动，共同发展。截至2015年5月，发展较好的光禄农业观光旅游业，已分别种植荷花500亩、玫瑰1200亩、蓝莓1000亩，总产值已达760万元。

姚安县是农业循环经济发展的典范，其实践经验及做法从根本上解决了农业中污染排放最大的畜禽养殖、农药化肥施用、秸秆综合利用等方面的问题，同时将农业和第三产业旅游业相结合，形成产业链耦合，在发展循环经济的同时也创造了效益。

## 二　洱源县农业循环经济发展案例

### （一）问题的提出

2016年2月，国家发展改革委、农业部、国家林业局联合发布了《关于加快发展农业循环经济的指导意见》。《关于加快发展农业循环经济的意见》提出，要基于我国的农业发展的基本情形，建立起适应农业循环经济发展要求的政策支撑体系，基本构建起循环型农业产业体系。云南省发展改革委高度重视农业循环经济发展，在全省各个具有农业循环经济发展基础的县区开展循环经济示范试点申报工作。

### （二）问题解决的主要思路

洱源县于2004年正式开展试点示范工作，云南省发展改革委以云发改环资〔2007〕383号文《云南省发展和改革委员会关于我省发展循环经济试点（第一批）工作方案及规划的批复》，洱源县正式列为第一批省级农业循环经济试点。近年来，洱源县以大力发展农业循环经济，以努力建设洱源生态文明示范县为抓手，扎实推进资源节约型、环境友好型社会建设和社会主义新农村建设。在省农业循环经济示范试点建设工作指导小组的指导下，全面贯彻《国务院关于加快发展循环经济的若干意见》《循环经济发展战略及近期行动计划》等文件精神，实施示范项目，认真开展循环经济试点工作。

（三）主要内容及做法

洱源县于2004年成为云南省首批省级农业循环经济试点，其以社会主义新农村建设为抓手，以农业循环经济示范项目为着力点，开展农业循环经济发展。

1. 发展生态农业示范区建设项目

建成1.4万亩高稳产农田和1万亩绿色水稻标准化生产基地，“海之源”绿色大米通过农业部认证；启动洱宝生态梅果、蝶泉有机奶等4个生态农业庄园建设项目；成立了洱源县微圣药材种植合作社、洱源县益林中药材种植合作社等专业合作社和企业，累计种植中药材11930亩。

2. 发展规模化乳牛养殖项目

建成了乳牛存栏在300头以上规模养殖场洱源县蝶泉有机奶牧场和洱源县惠农养殖场项目两个，东湖乳牛养殖场、洱源三营新龙灿明综合养殖基地规模养殖场、益新硕庆肉牛养殖场建设处在规划建设中。

3. 开展洱海流域畜禽养殖污染治理与资源化工程项目

在右所镇松曲村建设有机肥加工厂1座，可腐熟加工粉状有机肥1300吨/天，在三营镇建设畜禽粪便收集站1个。目前，三营镇建设畜禽粪便收集站建成投入使用，对三营镇辖区及周边区域的畜禽粪便进行收集，有效地减少了污染。

通过实施农业循环经济试点，推进资源节约型、环境友好型社会建设和社会主义新农村建设，洱源县形成了具有经济及生态环境双重效益的农业发展模式。

洱源县重点围绕洱海流域开展生态农业示范项目，依托畜禽养殖场和有机肥加工厂，整合产业链，形成了畜禽废弃物的综合利用，为九大高原湖泊流域处理畜禽养殖问题树立了良好的典范。

# 第二节　行业层面循环经济发展案例

## 一　云天化集团有限责任公司工业循环经济发展案例

### （一）问题的提出

云天化集团有限责任公司（以下简称云天化集团）是一个以化肥为主业，以有机化工、玻纤新材料、盐及盐化工、磷矿采选和磷化工为重要发展方向的综合性产业集团，同时，由于其生产性质，也成为高能耗、高排放，并且必须面临绿色转型升级的重点国有企业，若不转型走绿色循环发展道路，则其发展必然会面临“瓶颈”。

云南省政府下发的《关于大力推进我省循环经济工作的通知》中也明确指出，企业需要大力发展循环经济，提高资源利用效率，提升企业竞争力，走新型工业化道路。副省长董华在云天化集团调研时也明确指出，云天化集团需要结合自身实际科学谋划好企业改革发展。要深入贯彻创新、协调、绿色、开放、共享五大发展理念，牢牢把握供给侧结构性改革要求，促进企业转型升级，走绿色循环发展道路。因此，全面发展循环经济，开展结构性改革，已经成为云天化集团的必行之路。

### （二）解决问题的主要思路

云天化集团围绕集团的主要化工业务模块，从物料平衡、产业链耦合等方面开展了细致的分析，积极申报国家循环经济试点示范单位，并借此为抓手，重点按照减量化—再利用—资源化循环经济发展模式，围绕磷矿采选、磷及磷化工和盐及盐化工为主的产业耦合，从组织管理、体制创新、自主研发、工艺水平提升等方面促进企业向新型工业化和可持续化发展转型，力争通过优化产业、产品结构，科学配置、综合利用好资源，降低资源消耗，提高资源利用率，降低污染，减少废弃物排放，提高废旧资源再利用率，全面实现企业绿色循环高效发展。

（三）主要内容及做法

1. 持续推进清洁生产和“两型”和“两化”企业建设

清洁生产是循环经济的基石，循环经济是清洁生产的扩展。云天化集团在29家生产企业通过清洁生产审核的基础上，积极推进清洁生产合格单位的创建。目前云天化股份、磷化集团、云天化国际等6家主要生产企业已通过清洁生产合格单位的验收。同时积极推进云天化集团所属企业开展“两型”企业建设和“两化”融合建设，并在2010年云天化股份被工信部确认为国家“两型”试点企业，2011年，云天化集团下属子公司云天化国际被工信部确定为“两化”融合促进节能减排试点示范企业。

2. 不断提高生产工艺技术及装置水平

云天化集团积极引进先进技术，通过对引进技术的消化、吸收和再创新、集成创新、自主研发，在大型合成氨、氮肥、磷复肥和磷矿采选等方面的工艺技术及生产装置已达到或接近国际先进水平。磷矿资源利用品位从2005年的28%以上降低到21.95%。同时引进具有国际先进水平的美国孟莫克公司的硫酸低温位热能回收利用技术，对现有硫黄制酸装置进行技改，项目建成后将实现吨酸新增0.45吨蒸汽，热能回收从目前的60%提高到90%，同时使干吸工序循环水量减少50%，节约34万吨标煤的目标。引进国外先进技术和设备建成的天安50万吨/年合成氨装置的设计单耗为1.59吨标准煤，也属于全国先进水平。云天化国际两套已投产的“836”项目均采用了最为先进的节能技术和清洁生产工艺，节能和减排两项指标将处于国内先进水平。

3. 建立健全了循环经济工作组织管理体系

云天化集团制定了《发展循环经济规划纲要》《云南省循环经济及国家循环经济试点方案》，建立完善了循环经济组织管理体系及规章制度，成立了集团循环经济工作领导小组，落实了职能机构和管理人员；并将集团发展循环经济规划及试点实施方案中明确的目标任务层层分解落实，签订目标责任书，定期考核，以促使各企业尽快纳入循环经济的发展轨道，也保证了集团循环经济试点方案明确的目标任务的完成，进一步强化了生产基层的循环经济工作，健全完善了组织保障体系，初步建立了集团循环经济体系和运行机制，有力地保障了集团循环经济工作的有效推进。

4. 强自主创新和研发投入

云天化集团科技投入占销售收入比例不断上升。2008—2012 年，集团科技投入分别为 8.4 亿元、9.9 亿元、15.8 亿元、10.3 亿元、10.33 亿元，科技投入占销售收入的比例分别为 3.05%、3.87%、4.44%、3.57%、3.31%（见表 14－1），为技术创新提供资金保障，使循环经济及资源综合利用的关键技术开发取得积极进展，并取得了丰硕的技术创新成果，有力地促进了集团循环经济的发展。自 2008 年以来，获得授权专利总数为 101 件，其中发明专利 68 件；截至 2012 年，集团获得授权专利总数为 127 件，其中发明专利 85 件，为资源节约利用、节能减排和环境保护提供了有力的支撑。

**表 14－1　2008—2012 年云天化集团科技投入占销售收入的比例**

单位：亿元，%

| 年份 | 科技投入 | 科技投入占销售收入的比例 |
|---|---|---|
| 2008 | 8.4 | 3.05 |
| 2009 | 9.9 | 3.87 |
| 2010 | 15.8 | 4.44 |
| 2011 | 10.3 | 3.57 |
| 2012 | 10.33 | 3.31 |

5. 加大环保投入，强化环保精细化管理

自 2008 年以来，云天化集团的环保投入近 10 亿元，有力地推进了集团下属各企业的生产废弃物的排放。目前，集团内有云天化国际富瑞分公司等 5 家企业实现和保持了生产废水“零排放”，昆明盐矿化学需氧量大幅度减少，不断地推进集团环境友好型企业建设。同时，云天化集团通过积极推行环保精细化管理，完善了“分级管理、逐级负责、生产经营单位履行环保主体责任”的集团化环保管理体系，不断地完善环保责任目标考核体系，强化环境排放监督和危险废弃物管理，保证环保设施完好，并与主体装置同步运行，不断地加强污染物排放监督管理，推进环境排放在线监测。目前，云天化集团有42套环境排放在线监测与政府环保行政主管部门联网。

云天化集团现已形成了“晋宁—海口—安宁”高浓度磷复肥、磷化工、盐化工产业集聚区，并建成了“晋宁—海口—安宁”磷盐化工循环经济工业区。通过国家循环经济试点建设，顺利完成了国家下达的目标指标任务。2012年，万元工业增加值综合能耗为3.529吨标准煤/万元、工业用水重复利用率95.63%，磷矿资源综合利用率71%，余热余能综合利用率85%，废气（尘）处理及利用率92%。其经验为云南省化工企业发展循环经济树立了良好的典范。

## 二 云南驰宏锌锗股份有限公司工业循环经济发展案例

### （一）问题的提出

云南驰宏锌锗股份有限公司（以下简称驰宏锌锗）是一家以铅锌产业为主，综合回收金、银、铜、锗、镉、铋、锑、硫等有价资源，集地质勘探、采矿、选矿、冶金、化工、深加工、贸易和科研为一体的国有控股上市公司。

有色金属加工企业一直以来都是属于高耗能、高污染的企业，加上有色金属市场曾经一度不景气，企业收益一直降低，以及国家政策对环保要求的不断提高也带来了巨大的压力，由此云南省驰宏锌锗有限公司的领导层开始全面重视企业循环经济发展的建设，确定了通过申报循环经济试点，开展全产业链循环经济改造的建设思路。

### （二）解决问题的主要思路

驰宏锌锗充分发挥资源优势和技术优势，确定了一条通过实施资源节约综合利用、会泽锌冶炼技术改造、产品结构调整、技术研发中心建设和探采结合五大类工程，实现规模化、集约化和现代化生产的循环经济发展思路。

### （三）主要内容及做法

#### 1. 建立全产业链循环发展模式

驰宏锌锗现已形成了“风险地质勘探—矿山无废开采—冶炼清洁

生产—‘三废’循环利用—稀贵金属综合回收—产品精深加工”的全产业链发展模式。其中，全尾砂—水淬渣膏体充填技术的运用为国际领先水平，每年可消纳大量的废弃物。按目前的采矿规模测算，在每年填充过程中，消耗当期产出的尾矿16.5万吨、堆存的尾矿6万吨，冶炼水淬渣7.5万吨，减少了尾矿和冶炼渣的堆存，与粗粒级水渣充填相比，年充填耗水量从40万吨降低到8万吨以下，耗水量降低80%；减少了铅锌资源的损失率和贫化率，矿石的损失率为2.16%，比原来降低52%；开采贫化率为7.56%，减少废石混入量3.8万吨。

2. 全面开展伴生金属矿高效综合利用

通过采用顶吹沉没熔炼粗铅或锌冶炼技术、开展伴生金属高效综合利用、实施雨水回用工程等，驰宏锌锗“十一五”期间累计完成节能量10.9万吨标准煤，2011—2012年累计完成节能量5.59万吨标准煤；“三废”达标排放，固体废弃物、废水重复利用率均达到了96%。2012年，铅冶炼综合能耗453.22千克标准煤/吨，比国标能耗限额先进值470千克标准煤/吨低3.6%；锌冶炼综合能耗1064.7千克标准煤/吨，比国标能耗限额先进值1200千克标准煤/吨低11.3%；粗铅冶炼焦耗188.77千克/吨，居行业第二位；铅冶炼总回收率、铅粗炼回收率在规模以上企业中排在第一位，电锌冶炼总回收率排在第三位。

驰宏锌锗是云南省内以发展高耗能高污染的重金属加工循环经济的典范，其重点通过建立全产业链循环发展技术，开展技术攻关和创新，啃下了重金属行业循环经济这块硬骨头，是值得在全省重金属生产加工行业中进行推广的重点案例。

## 三　云南铜业股份有限公司工业循环经济发展案例

### （一）问题的提出

云南铜业股份有限公司（以下简称云铜股份）是一家以阴极铜、电工用铜线坯、工业硫酸、黄金、白银为主要产品，并且具有综合回收硒、碲、铂、钯、铟等稀贵金属的业务的上市公司，在云南省属于典型的以重金属为主要产品的涉重矿冶企业。

以云铜股份为代表的云南省有色金属采选业和冶炼加工业是云南省资源开发和加工利用的基础产业，在国民经济中具有重要作用，但同时又是云南省典型的“三高”企业，国家循环经济战略部署工作明确将云铜股份这类的有色金属采选业和冶炼加工业列为发展循环经济的重点行业，同时就云铜股份内部来说，需要不断发展和提高产业规模就必将面临产业绿色升级转型的压力，只有全力发展循环经济，走绿色循环发展道路，才能实现企业的稳定发展。

（二）解决问题的思路

云铜股份利用申报成为国家循环经济试点的契机，制定了“实现一个目标，抓住两个关键环节，抓好三个循环，构建三大支撑系统，推进四个循环体系建设”的循环经济发展思路，重点从建设资源节约型、环境友好型企业，转变生产环节和能源消费环节，抓好小循环、中循环、大循环三个循环，开展循环经济技术改造与创新体系、企业管理体系和人才培养体系、搭建水处理循环系统、余热利用系统、再生铜资源利用系统、综合利用与新产品开发系统等方面全面发展循环经济，最终转变生产方式，实现金属冶炼行业及加工行业绿色健康发展。

（三）主要内容及做法

1. 全面搭建三大循环体系

依托云铜股份的主要生产线及各个生产线之间产生的废弃物循环，搭建以在企业内部节能、节水、节材、优化工艺配置，建立紧凑、连续、高效循环的生产工艺流程的“小循环”；搭建以铜企业为核心，聚集相关配套产业，形成环型闭合产业链，使上游产业的“废料、余能”成为下游产业的原料和动力，实现废弃物资源化利用的“中循环”。搭建以生产和消费过程中废旧物资回收再利用，使铜冶金工厂成为大宗废弃物的无害化处理中心“大循环”。

2. 构建四大循环体系

云铜股份建立了“四大循环体系”（见图 14 - 1），水处理循环再利用体系、余热利用体系、再生铜资源利用体系、综合利用和新产品开发体系，其中，水处理循环再利用体系、余热利用体系、综合利用和新产品开发体系已搭建完成。通过循环经济试点，企业的资源利用水平大幅提高，2014 年，能源产出率达 23.49 亿元/万吨标准煤，工

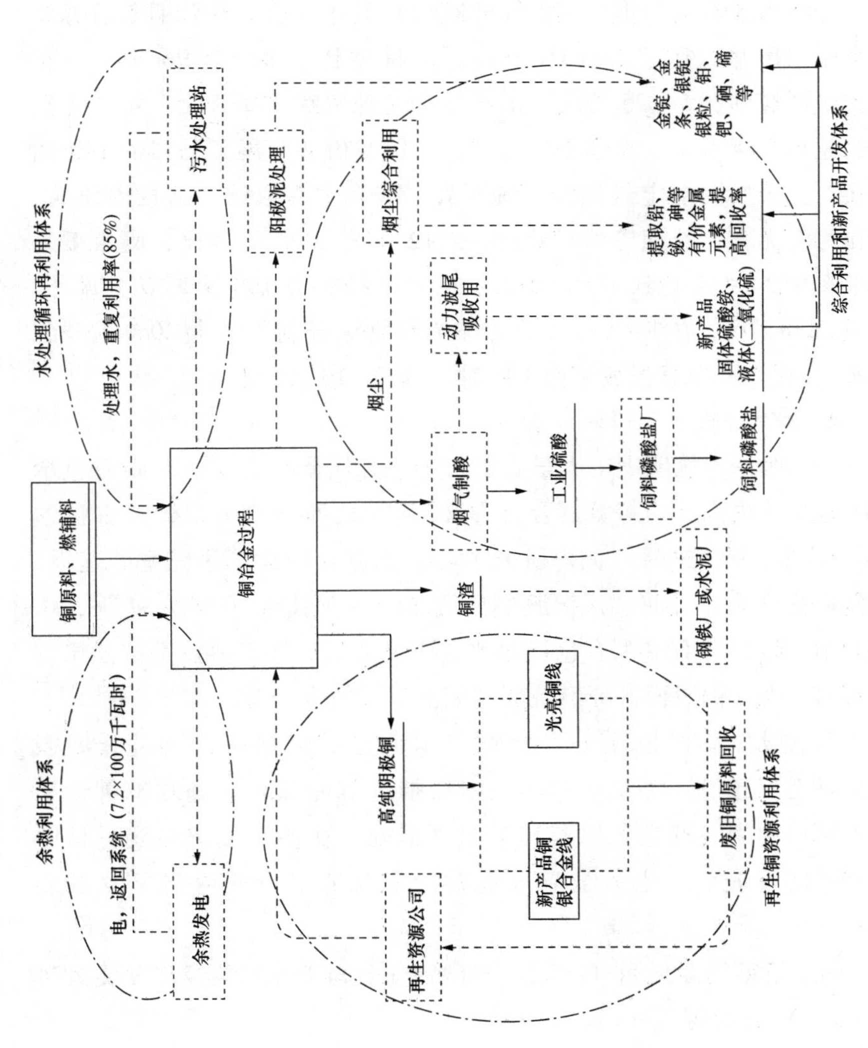


图 14－1 云南铜业循环经济示意

业固体废弃物综合利用率达100%，工业用水重复利用率也达到了96.01%，二氧化硫捕集率达98.16%。

3. 全面开展资源综合利用工程建设

开展废水综合利用、烟尘综合回收利用等项目，使云铜股份总厂废水站回用率达到了75.85%，全厂水重复利用率达到96.01%，年节约生产成本约54.25万元，节约冷铜处理费约290万元，年产生经济效益约344万元。除重点项目外，云铜股份还开展了分银炉碲渣回收碲工艺开发，铜定量浇铸系统开发，酸泥中提取铼、碲技术研究，中和污泥无害化处理等项目建设。2012年与2005年相比，废水重复利用率从34%提升到了96.95%；废水外排量由194.9万立方米/年降至32.87万立方米/年；工业固体废弃物综合利用率由20%提升到100%；化学需氧量排放量由190吨/年降至13.24吨/年。

4. 全面推进产学研联合机制

云铜股份与昆明理工大学、北京有色金属研究总院、广州有色金属研究院、中南大学等签订合作协议，建立专项合作关系，并直接参与昆明理工大学的国家工程研究中心、重点工程技术研究室的建设，联合开发攻关。目前，云铜股份拥有多项专利技术（授权24项，申请中31项），并获多项有色行业和省科技奖励，且多项技术被公司转化利用，为云铜股份循环经济的开展提供了技术支持。

云铜股份集团以循环经济试点示范建设为抓手，通过开展循环经济工程建设，并在此基础上继续推进节能降耗、渣的减量化和水的循环利用、稀散金属资源提取等措施，在循环经济发展过程中取得了良好成效，也为全省重金属冶炼及加工行业树立了发展的标杆。

## 四 云南锡业集团（控股）有限责任公司工业循环经济发展案例

### （一）问题的提出

云南锡业集团（控股）有限责任公司（以下简称云锡集团），是云南省国资委直属管辖的一家省属重点国有企业，云锡集团总部设在云南省红河州，集团前身是1883年清政府建办的个旧厂务招商局，经过150余年的发展，业已发展成40多个全资、控股子公司，其总资产380多亿元，占地近200平方千米。现有职工3万人，离退休人员3万人，全部管辖人口近15万。经营业务主要包括地质勘探、采矿、选矿、冶炼、锡化工、砷化工、锡材深加工、有色金属新材料、贵金属材料、建筑建材、房地产开发、机械制造、仓储运输、新能源开发、科研设计和产业化开发等。云锡集团以新材料产业发展的应用需求为导向，超前探索前沿材料，提升真空冶金国家工程实验室、稀贵金属综合利用新技术国家重点实验室、国家贵金属材料工程技术研究中心等创新平台面向产业的研发服务能力，加速推进贵金属新材料基因工程共性技术研究平台建设，建设云南省新材料产业创新中心，打造贯穿创新链、产业链的新材料产业创新生态系统，全面提升云南省新材料产业竞争能力。

云锡集团与驰宏锌锗一样面临着金属市场下行，国家对环境政策要求更加严格的压力，因此，云锡集团必须转变现有的生产模式，开展循环经济建设，实现全面发展。

（二）解决问题的主要思路

云锡集团重点确立了开展两个重点项目、积极推进了个旧锡多金属矿资源综合利用示范基地建设及高效采矿方法的变革等重点工作，加大锡多金属矿资源综合利用的主要发展思路。

（三）主要的内容及做法

2012年，云锡集团被国家发展改革委列为资源综合利用“双百工程”示范基地和骨干企业。推进个旧市重金属污染治理南部地区、大屯北部地区选矿试验示范工业园区建设，加大个旧地区重金属污染的治理，推动个旧地区环境改善。推进400万升/年车用贵金属新型催化剂产品产业化开发项目。实施尾矿库闭库管理，推进尾矿库的治理。

通过国家循环经济试点建设，2012年，锡开采回采率、锡选矿回收率、锡冶炼回收率、锡冶炼（铅）伴生资源利用率等指标均超过了规划目标。其中，锡共伴生铜资源利用率达70.35%，锡回采率达到89.62%，锡选矿回收率达65.99%，锡冶炼综合回收率达98.01%，工业用水重复利用率达到89.28%。冶炼生产废水实现了“零”排放，工业固体废弃物100%按要求处置，废气中主要污染物烟（粉）尘、二氧化硫实现100%达标排放。

云锡集团重点围绕锡的回采率、锡选矿回收率、锡冶炼回收率、锡冶炼（铅）伴生资源利用率等重点循环经济指标开展技术创新和重点突破，通过两个重点工程的建设，有重点地开展循环经济工作，是有色金属行业中的锡加工行业值得学习和推广的案例。

## 五 临沧市制糖业工业循环经济发展案例

### （一）问题的提出

临沧市是云南省制糖产业发展的重要基地，有280多年的种糖制糖历史，制糖业已经成为临沧市经济的重要支柱，但是，由于临沧市的大部分制糖企业生产工艺较为落后，技术设备低下，制糖环节本身又存在多个排放废弃物的环节，造成临沧市大部分的制糖企业污水排放不达标，给当地环境造成了较为严重的污染，已经成为当地久治不愈的“顽症”。

近年来，制糖业发展循环经济受到国家、云南省委、省政府的高度重视，多年前就提出了建设绿色经济强省的战略目标，并将节能减排作为发展循环经济的重要内容，并明确了要大力发展制糖业循环经济，深挖制糖业循环经济发展潜力的发展方针，发展制糖业循环经济已经迫在眉睫。

### （二）解决问题的思路

临沧市糖业根据国家发展循环经济的要求，计划全面开展制糖业循环经济试点工作，重点以临沧市南华糖业有限公司和云南永德糖业集团有限公司为代表，探索制糖业传统循环经济发展模式及创新型循环经济发展模式两条道路，通过不断优化和提升相关工艺技术，在资源综合利用产品生产与工艺技术方面实现多项创新，最终达到节能减排与资源综合利用成效加大，并逐步推广到临沧市其余制糖企业，实现制糖业绿色稳定发展的目标。

### （三）主要内容及做法

1. 制糖业创新型循环经济发展模式主要做法

制糖业创新型循环经济发展模式的主要代表企业为云南永德糖业

集团有限公司，其在发展循环经济的过程中以物质流为主导，逐渐形成了蔗渣综合利用、废蜜综合利用、废弃物利用、蔗区蔗稍（叶）综合利用四条循环经济链，并敢于创新，开发新型产品形成新型发展模式，使“三废”得到有效利用。

（1）全面构建蔗渣综合利用循环产业链。在蔗渣综合利用循环链建设中，该公司敢于创新，蔗渣除去传统的生产生物质能源作为锅炉燃料外，其采用自主研发的“采用强制循环外加热式水解蔗渣技术”，利用蔗渣生产木糖，目前已形成年产木糖 3000 吨的生产线一条，年处理蔗渣 15 万吨，是目前国内唯一一家利用蔗渣生产木糖的企业。另外，该公司还上马蔗渣生产活性炭项目，目前已有形成年产 1800 吨糖用高效活性炭生产线一条，该生产线年处理蔗渣量达 6000 吨。

（2）全面构建滤泥、灰渣、蔗髓综合利用循环产业链。在滤泥、灰渣、蔗髓综合利用循环链建设中，该公司创新性地将蔗渣中不易于生产木糖、活性炭和用于燃烧的蔗髓筛分出来与滤泥、灰渣一起进行混合发酵后生产生物有机肥，目前已有县城年产 3. 6 万吨生物有机肥的生产线 3 条。

（3）全面构建废蜜综合利用产业链。在废蜜综合利用生产酒精、酒精废醪液治理产 PSB 光合菌肥循环链建设中，该公司引进较先进的差压蒸馏生产工艺，利用废蜜生产酒精，同时上马了一条年处理量 15 万吨的糖蜜酒精废醪液生产光合菌液体肥生产线，将生产酒精产生的废醪液进行集中处理和综合利用。

（4）全面构建农业循环经济产业链。在农业循环经济链建设中，该公司也创新性地将蔗稍这一废弃物利用起来，在企业周边建设畜禽养殖场开展蔗稍养殖项目，使蔗糖产业的综合利用率得到了提升，制糖产业链进一步延伸，目前，该公司已经建设大型肉牛养殖场 4 个，蔗稍养牛达到了年产 1600 头的规模。

2. 制糖业传统循环经济发展模式主要做法

制糖业传统循环经济发展模式的主要代表是临沧市南华糖业有限公司，临沧市南华糖业有限公司主要以工程技术研发作为手段，通过在传统制糖环节的技术突破和研发，发展“低消耗、低排放、高效率”为特征的传统循环经济增长模式。

（1）全面开展节能降耗技术装备研发。在节能方面，该公司通过引进国内外先进设备，提升自身产能并节约电能、水能。针对蔗渣燃烧不完全的问题，对蔗渣粉煤炉进行全面升级改造，实现全燃蔗渣，蔗渣打包量与蔗比由2006年的0.4%提高到2015年的6.8%，年节约蔗渣23余万吨；针对水耗较大的问题，改造升级蒸发系统热力技术方案，全面抽用汁气和锅炉回用汽凝水，并引进液环式真空泵和雾化冷凝器、全自动隔膜压滤机和无滤布真空吸滤机以及先进成熟的冷却塔设备，减少工艺各过程的用水量，同时通过CASS技术以及油水、渣水分离技术对高浓度废水进行处理后回收利用，实现节水节汽，降低能耗，吨甘蔗耗生水由2006年的7.04立方米降低到2014年的0.29立方米，年节约用水近3000万立方米；针对电耗较高的问题，该公司通过引进德国BWS和广西苏氏集团生产的全自动甲膏分蜜机实现节电，吨蔗耗电由2006年的32.88千瓦时下降到2015年的31.9千瓦时左右。

（2）全面开展减排技术装备研发。在减排方面，该公司针对废水、废气、废渣，分别采用了不同的技术手段实现减排。废水中的洗滤布水作为锅炉冲灰水重复循环使用，并最终通过CASS生化处理系统处理后达标排放；酒精废醪液则通过复合菌剂处理方法，生产液体生物有机肥；生产尾水通过建立提灌站实施尾水提灌工程，在减少废水外排的同时为甘蔗地的灌溉提供水源。废气中的二氧化硫及其他气体则主要通过在蔗渣煤粉炉上配备稳定成熟的水膜除尘器，实现废气达标排放。废渣中的蔗渣通过燃烧全部转换为锅炉燃料，滤泥及锅炉冲灰水沉渣则直接用于制造生物有机肥，实现了废弃物“零排放”。

（3）全面开展资源综合利用技术研发。在资源综合利用方面，该公司主要形成了四条废弃物循环利用产业链。蔗渣利用循环链通过成立南华纸业有限公司，与现有临沧市南华糖业有限公司配套形成蔗渣造纸综合利用产业链，使用蔗渣为原料，生产纸张与纸板，成功地突破AQ—硫酸盐法立锅蒸煮蔗渣浆技术，并获得国家专利，年节约蔗渣20余万吨；废蜜综合利用循环链通过生物发酵技术，将酒精生产产生的废蜜进行资源化处理，生产液态生物有机肥，年减排硫酸1400吨，酒精废液实现了"零排放"；废弃物综合利用循环链通过引进生物发酵技术，采用复合菌剂处理滤泥、除尘灰渣生产固体生物有机肥并进行推广，将其广泛用于甘蔗、番薯、茶叶、橡胶的种植中；酒精二氧化碳回收利用循环链，通过最新的自主研发创新技术——甘蔗制糖利用酒精产生二氧化碳碳硫结合糖汁饱充清净方法，实现利用回收的二氧化碳对白砂糖的提纯工艺进行改进的效果，使生产的白砂糖各项理化指标明显提高，同时实现了酒精生产二氧化碳零排放，该技术已获得国家专利。

以云南永德糖业有限公司为代表的制糖业创新循环经济发展模式，重点在蔗渣、滤泥、灰渣、蔗髓、蔗稍等制糖废弃物的处理中敢于创新，延伸制糖业产业链，开发和生产非传统的资源综合利用产品，是糖业未来发展创新型循环经济的典范。

以临沧市南华糖业有限公司为代表的制糖业传统循环经济发展模式，注重在发展糖业传统循环经济模式的基础上，开发新的专利技术，实现传统资源综合利用和减排模式的优化及提升，是发展传统循环经济的典型示范。

## 六　云景林纸公司循环经济发展案例

### （一）问题的提出

普洱市一直是云南省林产业发展的重要基地，以造纸为代表的林纸行业已经成为普洱市的重要支柱行业之一，但造纸行业一直以来都以污染物排放量大、高耗能为主要特点，快速的发展也将带来污染的代价。

近年来，我国明确提出了要在造纸行业开展环境污染专项整治工作，全面推进造纸行业循环经济发展。云南省在循环经济发展规划中也明确提出，造纸行业是云南省发展工业循环经济的优先领域，因此，开展造纸行业循环经济是普洱市造纸行业的必经之路。

### （二）解决问题的思路

以普洱云景林纸公司（以下简称云景林纸）为代表的普洱市造纸行业，开展了节能技改及清洁生产项目，推行循环经济发展，构建林浆纸一体化的三级循环经济发展模式的总体思路，重点从造纸流程的供给侧、产品侧、废弃物等方面全面发展产业链耦合和延伸，实现各环节废弃物的高效利用，减少废弃物排放，降低能耗，最终实现绿色循环发展。

（三）主要内容及做法

1. 全面构建林浆纸一体化的三级循环经济发展模式

企业在综合评估自身条件的基础上，确定了三级循环经济发展模式，一级循环是构建林浆纸产业链“基础大循环”，营造大量的纸浆工业原料林基地，实现林浆纸产业可持续发展的根本资源循环；二级循环是构建企业间“中循环”，通过将公司生产过程中产生的废弃物有偿供给其他企业再利用，实现企业间的资源互补循环利用（如煤渣、浆渣等）；三级循环是构建公司内部“小循环”，实现“资源—产品—废弃物—再生资源”循环利用。

2. 全面实施纸浆技改项目

以三级循环经济发展模式为基础，云景林纸上马了年产 9 万吨纸浆技术改造项目，分步实施了引进国外先进设备提高木片合格率、生物质燃料（树皮、木屑等）利用、增加机械剥皮、增加小径木处理及木片堆高系统、污水深度处理改造、引进国外先进技术和设备处理臭气 6 个子项目，并已实施完成。通过技改项目，污水处理效率提高约 2%，提前达到国家《制浆造纸工业水污染物排放标准》要求，化学需氧量排放浓度相对改造前下降 50% 以上，每年可减排化学需氧量 300 吨；利用纸浆生产和木材加工过程中产生的树皮、锯末、木屑以及污泥等生物质废料替代部分燃煤混烧，可节约能源 19000 吨标准煤/年；增加小径木处理及木片堆高系统和处理臭气系统应用后，提高了木材利用率，增加了热能回收，降低了废气排放。

3. 全面构建“公司 + 农户 + 基地”运营模式

云景林纸通过“公司 + 农户 + 基地”模式，扶持农户种植桉树 40 多万亩，参与农户 1.5 万多户，种植农民获取劳务收入 2 亿多元，每户平均增收 6 万元，每年提供 2 万多个就业岗位，使用劳务涉及十多万人口，每年可为农民提供劳务费 1 亿元以上。通过荒山荒地造林、采伐迹地造林、低产林改造等，使景谷县森林覆盖率从 1997 年的62%提高到74.7%，取得了显著的经济效益、社会效益和生态效益。

通过深入的技术改造及循环体系构建，云景林纸实现了吨浆耗水量、污水排放量全面降低，固体废弃物利用率全面提升，碱炉车间产汽率全面提高，能耗全面下降，并且达到国家清洁生产二级标准，是造纸行业发展循环经济的典型试点示范。

## 七　南磷集团循环经济发展案例

### （一）问题的提出

南磷集团是以氯碱化工、磷化工等产品开发为核心产业，集研发、生产、经营、进出口贸易于一体的综合性化工企业集团，作为云南省政府重点扶持的大型民营企业之一，连续多年荣获全国民营企业500强、全国化工500强和中国制造业500强，2010年入选中央统战部民营企业转变发展方式典型案例，同时也是云南省重要的建材化工循环经济发展试点单位。

南磷集团属于化工行业，其也是国家和全省循环经济工作开展的重要行业，进入“十二五”时期以来，南磷集团和其他化工集团一样，面临着转变生产方式的压力，如果不转变生产方式发展循环经济，就必然被市场淘汰。

### （二）解决问题的主要思路

南磷集团通过开发先进的工艺技术模式以及创新的集磷化工与建材于一体的新型循环经济产业链，在节能减排、废弃物资源综合利用、再生利用等方面取得了卓越的成绩，是化工领域发展循环经济的典型代表。

### （三）主要内容及做法

1. 全面开展节能降耗推进工作

在节能降耗方面，南磷集团主要通过自主创新与技术改造的方式开展循环经济工作，将厂内的传统黄磷电炉、热电机组锅炉以及水泵电机进行改造，将黄磷电炉的“三相三根电极”改为现在的“三相六根电极”，把热电机组锅炉和水泵电机进行变频技术改造，使电炉、锅炉以及水泵等设备的各项消耗指标大幅下降，主要能耗指标电耗平均由原来的13200千瓦时/吨降到12600千瓦时/吨以内，每年可节电1960万千瓦时，折合标准煤4680吨；在离子膜烧碱装置中，进行工艺改造，利用氯化氢反应热产生的蒸汽，用于溴化锂制冷取代氨制冷工艺制取生产用7℃冷冻盐水，每年可利用蒸汽量达9.75万吨，以每吨蒸汽50元计，每年可节约成本487.5万元。

2. 全面开展节能减排工作

在减排降耗方面，南磷集团通过引进国内外先进的工艺技术，对生产过程实施控制管理和物质循环再生利用来降低污染物排放量。采取的措施有以下四个方面。

一是将特种燃烧炉新技术引进热法磷酸装置中，利用磷酸燃磷塔余热生产自用蒸汽，降低燃煤锅炉使用量，从而有效地减少二氧化碳、二氧化硫等废气和锅炉废渣的排放量。

二是将抽真空脱吸工艺技术引入乙炔工序电石渣浆过程中，通过新技术有效地回收残留的溶解乙炔，进行循环利用，实现生产1吨PVC电石消耗可降低10千克左右，年回收乙炔折电石可达3000吨，同时，乙炔气体的排放量大幅下降，保证厂内空气环境质量。

三是在聚氯乙烯装置乙炔制备电石水解过程中，将电石渣上清液经沉降冷却降温处理后，再返回乙炔发生系统循环利用，实现每年减少污水排放量270万吨。

四是在氯乙烯及电石装置中使用冷却水回用系统和大型水循环系统，将氯乙烯聚合母液水通过过滤冷却处理后，返回到生产系统循环利用，每年可回收利用母液水35万立方米，30万吨/年电石装置则采取全密闭大型电石炉水循环冷却工艺技术，使水的循环利用率提高到92%，上述创新工艺与物质循环体系的建立，大大减少了在生产过程中废水的排放量，减排效果十分显著。

3. 全面开展资源综合利用工作

在资源综合利用方面，南磷集团形成了两条完善的循环经济产业链，并且通过对这两条产业链的优化与提升，实现工业固体废弃物综合利用率达到98.86%，工业用水重复利用率达97.10%，资源综合利用效果显著。

4. 建立以矿石为主的绿色循环产业链

南磷集团构建了“矿石原料—热电—黄磷—磷产品深加工—氯碱—草甘膦—有机硅新材料”绿色循环产业链。该循环产业链将氯碱工业、磷化工业以及建材产业有机结合起来，低热煤生产产生的蒸汽供烧碱、PVC、黄磷生产装置使用，余热发电形成热电联产，发电用于生产黄磷、磷酸、烧碱和PVC树脂的制造，磷酸与烧碱结合生产磷酸钠盐等系列产品，PVC生产过程中产生的电石废渣与黄磷厂产生的磷渣通过管道输送，为草甘膦生产提供充足便捷的氯和磷原料，最后利用在生产草甘膦过程中产生的一氯甲烷副产品，通过新技术新工艺回收净化后，用于合成生产有机硅新材料，把有害的尾气（氯甲烷）变成了有机硅新材料的关键原料。南磷集团这一循环经济产业链的发展做到了在生产过程中原料到废弃物的循环利用和吃干榨尽，资源在生产过程中得到高效利用，使南磷集团的传统磷化工、氯碱化工开始逐步向新型绿色经济循环产业发展转变。

5. 构建“基地煤—电—化工—水泥”循环经济产业链

该产业链将电化工与建材产业有机结合起来形成新的产业组合，通过一条生产量40万吨/年的新型干法电石渣制水泥生产线将磷化工中聚氯乙烯装置产生的大部分电石渣、黄磷装置产生的磷渣以及热电装置产生的粉煤灰全部进行资源回收和综合利用，用于生产水泥并直接作为产品销售，实现年利用各类工业废渣40万吨，其中电石渣18万吨，磷渣6万吨，热电厂粉煤灰4.2万吨，固体废弃物综合利用率全面提升。

南磷集团通过两条创新的循环经济产业链，将目前云南省主要的磷化工固体废弃物进行了全面的资源综合利用，同时还结合相关节能降耗减排新技术，在进行资源综合利用的同时，实现污染物排放量与工业产值能耗的全面下降，成为云南省化工行业与建材行业发展循环经济的典型代表。

## 八 普洱市创建循环经济示范城市案例

### （一）问题的提出

循环经济的全面建立仅仅依靠企业内部及企业间的产业循环是远

远不够的，必须建立产业园区与产业园区之间、社会与企业之间的全面大循环，才能实现发展循环经济的最终目标，普洱市具有较好的企业内部及企业间的循环经济发展基础，全面开展下一步社会大循环的经济模式也是顺理成章的。

（二）解决问题的主要思路

一是构建循环产业体系。以建设国家特色生物产业、清洁能源、现代林产业和休闲度假四大绿色产业基地为着力点，推进普洱市循环型工业、循环型农业发展。

二是构建覆盖全社会的资源循环利用体系，大力推进循环经济再生企业、园区、社会各层面的发展，创建循环经济示范城市的主要发展思路。

（三）主要内容及做法

1. 建立循环经济发展体系机制

根据《普洱市创建国家循环经济示范城市实施方案》有关要求，普洱市进一步健全循环经济组织领导体系和工作机制，细化方案，分解任务目标，明确责任，制定了《普洱市创建国家循环经济示范城市部门工作职责》《普洱市创建国家循环经济示范城市建设评价指标体系数据来源任务分解》，并明确了各部门职责和工作任务，为创建国家循环经济示范城市顺利推进提供了组织保障。另外，普洱市还积极开展资源综合利用认定工作，使企业真正享受到资金的支持和帮助。

2. 构建循环型生产方式

截至2014年，普洱市争取中央预算内投资共计1650万元，支持了农业废弃物利用年产6万吨生物有机肥项目、生物工程法碎米深加工产业化项目、罗非鱼鱼鳞鱼皮胶原多肽生产线建设项目和茶叶籽综合利用开发建设项目4个国家循环经济示范城市创建重点A类支撑项目建设，通过项目实施，构建三次产业间共生耦合的循环经济产业体系，通过充分发挥现有产业条件，引入“补链”和“延链”项目，构建具有普洱特色的循环经济产业体系。以天士力帝泊洱生物茶“生态庄园”为代表，建立茶叶循环经济产业链和以云景林纸为代表形成林业循环经济产业链，已成为普洱市循环经济发展的典型。

3. 加快资源综合利用

普洱市重点推进资源综合利用项目，例如，森工企业利用林区三剩物、次小薪材为原料，生产中密度纤维板、细木工板产品；利用造纸工业废液（黑液）进行余热发电；利用建材企业的窑头窑尾余热发电；糖厂蔗渣发电项目等。2014 年，对云南普洱西南水泥有限公司余热发电机组、云景林纸黑液发电、景东县恒东蔗渣发电、云南景谷林业股份有限公司中密度纤维板、细木工板资源综合利用项目等 18 个项目进行资源综合利用认定，已认定的资源综合利用总量为 44.7 万立方米，综合利用销售收入达 2.61 亿元。

普洱市依托于节能重点工程、循环经济、资源节约重大示范项目及重点工业污染治理工程等，开创具有普洱特色的庄园式循环经济发展的模式，加快循环经济理念在全社会各领域的推行，健全循环经济发展保障体系，对创建国家循环经济示范城市起到了示范作用。

# 战 略 篇

# 第十五章　云南生态文明建设的推进战略与路径选择

## 第一节　推进云南生态文明建设的指导思想、主要原则及目标

### 一　指导思想

思路决定出路。发展观最终决定环境观的落实，从而最终影响到云南生态文明建设的成效。对云南生态文明建设而言，科学发展观是建设生态文明的指导思想，其生态建设体现了科学发展观的科学内涵，是落实科学发展观的重大实践，科学发展观的内涵决定了生态文明建设的最终归宿、基本前提、根本途径和主要载体。

建设生态文明，规划先行。生态文明建设是一项系统工程，规划先行是保证生态文明建设有序推进的重要前提。2009 年 12 月，云南省制定了《七彩云南生态文明建设规划纲要（2009—2020 年）》。云南生态文明建设的指导思想是：以科学发展观为指导，一方面主动适应低碳经济、低碳社会、和谐社会建设的现实需要；另一方面以制度创新为前提，通过技术创新、观念创新、管理创新，形成环境友好、和谐包容，具有可持续性的经济增长方式，实现自然、经济与社会的协调和可持续发展。这一指导思想着重强调了以下五个方面的内容。

#### （一）科学发展观

即按科学规律办事（包括发展理念的科学化、发展方式的科学化

等）。[1] 但科学本身是有争议的，是不是科学发展，不能由单方面说了算。如果仅仅由政府或者政府雇用的某些专家来认定是否科学，那么极有可能政府喜欢的都是科学的。甚至会把“大跃进”“大炼钢铁”等荒唐至极论证为科学之举。因此，形成与践行科学发展观的基础是民主制度和“民众+专家+政府”的决策机制。云南要真正形成和落实科学发展观，就要发扬省内或者在滇专家在南水北调西线工程上表现出的科学精神、责任意识和决策咨询能力，敢于对不符合科学发展的政府意志和工程说不。同时赋予广大群众知情权、话语权和监督权。

（二）低碳经济、低碳社会

低碳经济、低碳社会是时代趋势和国际潮流，云南必须顺应。低碳的理念必须贯穿于社会经济生活的诸方面和全过程。要求云南省的经济增长方式、社会运行方式和大众生活方式都应该体现低碳要求。

（三）和谐社会

和谐的本质是事物的发展平衡，和谐不单是人与人之间，也包括人与自然的和谐。实际上，由于资源占用、生态破坏和环境污染，尤其是环境公众事件造成的群体事件已经成为危及我们这个社会和谐与稳定的重大隐患，自然的不和谐已经转化为社会和政治的不和谐与不稳定。

（四）经济增长方式的转变

主流经济学和实际部门长期沿用“经济增长方式”的称谓，但不知从何时起，“经济增长方式”被全国人民异口同声地称为“经济发展方式”。但若要科学道理，我们认为，“经济发展方式转变”是一个命题不科学。经济增长方式才是一个科学、严谨的学术用语。

（五）可持续发展

可持续发展包括两个方面：一是自然可持续；二是社会经济可持续。现实生活中，人们通常重视人与自然的和谐与可持续，但经济和社会的可持续同等重要。从某种程度上说，之所以自然不可持续，主

---

① 刘成玉：《科学发展观：形成机理与制度保障》，《经济研究导刊》2010 年第 10 期。

要是由社会经济的不可持续引起的，比如森林砍伐、资源掠夺式开采和环境污染等。因此，云南的可持续发展应该高度重视政治制度建设、经济结构调整和社会管理，尤其要注意化解社会矛盾、民族矛盾等。

## 二　主要原则

### （一）坚持环境保护基本国策

始终坚持把环保理念贯穿于生产、生活的各个方面和经济、社会发展的全过程。环境保护不仅仅是限制开发区和禁止开发区的事，优先开发区和重点开发区同样也应该服从环境保护的要求。云南不应该存在“污染天堂”和“环保死角”。

### （二）因地制宜原则

在经济发展和环境保护优先时序的安排上，应该基于国家主体功能区划分，在不同的功能区，实行差别化安排，即优化开发区和重点开发区以经济发展优先，兼顾环境保护；在限制开发区，经济发展为要、环境保护相对优先；在禁止开发区，才是环境保护绝对优先。但并不认为是经济不发展。这类区域可以根据区域自身条件，有选择地发展绿色经济，例如生态旅游、有机农业、生物产业、清洁能源、有机农业，等等。

### （三）循序渐进原则

即云南的生态文明建设不能脱离云南的基本省情和经济发展水平的客观现实。在国家的主体功能区差别发展与扶持政策还不完善，尤其是生态补偿和转移支付制度不健全的情况下，云南应该循序渐进地建设生态文明，既发展经济又保护环境。

### （四）注重能力建设原则

秉承“保护环境就是保护生产力、建设环境就是发展生产力”的原则和理念。能力建设就是要强化云南的生态本底。这是云南的自然财富和可持续发展的本钱。

### （五）政府主导，区域合作，全民参与原则

政府的责任主要是科学规划、政策引导和资金支持；建立和完善省内各区域之间、流域之间的生态补偿机制；形成个人、家庭、社会

共建生态文明的格局。

## 三 云南生态文明建设目标

### (一) 长远目标

围绕生态意识、生态产业和生态环境建设三个方面，2010 年，云南省提出，生态文明建设的战略目标为：“建设生态云南、打造彩云之南。”具体来说，就是以生态省建设为主线，以节能减排为核心，以工业、城市、农村污染整治为重点，着力抓好生态经济、生态环境、生态文化、生态社会建设，促进经济社会全面协调可持续发展。在巩固“十二五”时期生态文明建设的成果的基础上，“十三五”时期，着力整体推进生态文明建设。

### (二)“十三五”目标

“十三五”时期是云南生态文明建设的整体推进阶段。继续推进城乡环境综合整治，建成一批重点生态工程，在新型工业化、经济低碳化等方面取得明显成效。全省城乡生态环境明显好转，人居环境明显改善。根据云南省的相关规划，到 2020 年，全省环保产业占 GDP 比重达到 5%，乡镇建成区生活污水集中处理率达到 60%。具体目标包括：继续实施退耕还林、退牧还草和天然林保护工程，巩固退耕还林工程建设成果。

### (三) 云南生态文明建设的主要任务

1. 改善和优化自然生态环境

具体包括：加强天然林保护，加速退耕还林、退牧还草；加强重点流域的水土保持，继续推进“长防”林工程，治理水土流失；开展石漠化综合整治；加强国家湿地自然保护区、国家湿地公园建设；继续实施生态环境脆弱地区和禁止开发区生态移民。

2. 改善农村生态环境和人居环境

进一步加强农业面源污染监测力度，加大宣传力度，积极推广测土配方施肥，合理施用农药，搞好农膜回收与利用，进一步完善污染土壤修复与综合治理的体系。

3. 转变经济增长方式，实现低碳增长

加快发展生态农业，积极推广种养结合的循环经济模式，推广清洁环保生产方式，加快发展绿色和有机农产品。推进农村住宅节能和沼气、风能、太阳能、生物质能等新型能源在农村的开发和利用，重点组织实施大中型沼气和户用沼气建设，逐步建立符合农村生产、生活环境特点的节能体系。

## 第二节　推进云南生态文明建设的着力点与主要措施

### 一　经济领域的生态文明建设即建设生态经济体系

#### （一）加强生态文明建设投入，提高生态文明建设能力

1. 逐步提高生态环境投入在本省财政预算中的比重

鉴于云南省环境治理投入占 GDP 的比重还不到1%，因此，希望2016年云南“十三五”开局之年能达到1.5%。为此，一是要积极争取国债资金和中央预算资金对云南生态保护与环境建设的投入。二是加大本级财政对生态文明建设的投入。

2. 明确省内各级政府在生态环境建设上的事权划分

建议按照各级财政占全省财政收入的比重承当区域内环境治理的投入责任。

3. 引导社会资金投入生态环境建设

深化环境产权改革，明确受益主体；备守信用，保持环境政策的连续性，增强投资信心；完善城市污水、垃圾、危险废弃物处理收费政策，积极推行特许经营制度，推动污染治理市场化和产业化进程；加强社会资金投入的财政补贴和税收抵扣，促进企业环境投资。

4. 利用以工代赈资金开展生态环境治理

从总体上讲，我国的劳动力和经济产品都已经过剩，而生态产品却供给不足，完全可以用经济之长，补生态之短。灾区、生态脆弱区的生态恢复和环境再造尤其应该采用以工代赈的方式。

#### （二）大力发展生态产业

生态产业的形成通过循环经济来实现；生态产业的指标体系是构

建绿色 GDP；资源的保护和有效利用是生态建设的重要内容。在减少环境污染的同时，强调对生态资源的保护。推动循环经济发展是落实科学发展观，加快建设资源节约型、环境友好型社会的重要途径。

1. 顺应低碳潮流，以循环经济为抓手，推动云南生态低碳农业发展

科学布局云南省农业体系和安排农业结构，从而在产业层面实现大循环，尤其是云南的少数民族地区，要充分利用生态环境本底较好的后发优势，打生态牌、绿色牌，走经济跨越式发展的道路。

2. 以清洁生产为抓手，发展生态工业

运用现代信息技术改造传统工业，走新型工业化道路。依靠科学技术和政策调控，实现资源综合利用，减少污染物排放。按照产业发展的次序和产业链条，构建产业群和生态工业园区，推进工业向园区集中。

3. 充分利用云南丰富的自然文化资源，发展生态旅游

云南的很多地方都具有发展生态旅游的条件，尤其是滇西北民族地区（丽江、迪庆州和怒江州）要向海南等生态旅游业发达的省学习，搞好云南旅游产品的宣传与管理。

4. 大力发展清洁能源产业

以水电换火电，限制火电开发，在生态可持续的前提下，发展水电产业；稳妥地推进核电建设，鼓励垃圾发电；扩大农村沼气利用；加快发展生物质能、太阳能和风能等可再生能源，加快煤炭资源的精深加工业发展。

（三）改善人居环境

一是调整工业布局，实行集中发展，将居住区与工矿区分离，减少工业污染对居民生活的影响。

二是在城市推广垃圾分类排放。在农村推广垃圾集中收集和处理。合理选择垃圾处置（填埋、焚烧等）场所，避免对居民健康造成伤害。

三是治理城市噪声和光污染。合理布局农贸市场，规范商家的宣传广告行为。加强养犬管理，落实管理部分，明确管理责任，接受居民举报，处置犬吠、犬便扰民。

四是加强农村人居环境建设，缩小人居环境上的城乡差距。加强

饮用水水质检测，防止地方病暴发。

## 二　社会与文化领域的生态文明建设即建设生态文化与生态社会体系

### （一）加强舆论宣传，形成以爱护环境为荣、破坏环境为耻的社会氛围

要充分利用“世界环境日”“地球日”“保护母亲河”等活动，开展了环境法制教育和宣传；大力开展全民节能减排行动、全民绿色消费行动、全民环保教育行动“三大全民环保友好行动”；配合环保重点工作，新闻媒体集中进行采访报道；强化居民的公民意识、环境意识和可持续意识；组建云南生态省、生态文明建设的专家宣讲团。

### （二）改造传统文化，建设生态文化

生态文化是生态文明建设的精神力量源泉，是生态文明建设的灵魂。

一是塑造可持续发展的生育文化。传统的生育文化加上优越的自然条件，使云南长期人丁兴旺，资源和环境压力长期处于高负荷状态。因此，云南在全面贯彻执行国家“二胎”政策的同时，还要加强计划生育工作，创新生育管理机制；对一胎父母进行高额度的奖励，对独生女父母进行重奖，并在医疗、养老等社会保障方面予以重点倾斜。在城市，加大用人用工单位性别歧视的处罚力度，对因为妊娠、哺乳而影响单位业务的，政府运用妇女儿童保护基金给予相应补偿。在农村用活生生的事例说服教育农民独生子女和养女儿的好处。慢慢地摧毁重男轻女、多子多福的腐朽没落文化。

二是改造传统的农耕文化，树立现代农业意识。树立节水意识，改革传统的播种、施肥和灌溉方式，推广精粮播种、测土配方施肥和滴灌技术等先进技术。在政府鼓励、支持农作物秸秆回收和综合利用的基础上，限制或者禁止焚烧农作物秸秆。提高农民的组织化和农业规模化程度，鼓励农民合作，实行大范围的生态恢复与环境整治。

三是转变传统的金钱价值观和物质价值观，树立生态价值观和环境价值观。在川西民族地区，结合扶贫开发，宣传新兴财富观，形成新型财富结构。做好精神财富与物质财富相结合、长期财富积累与即

期物质消费相结合。根据草地载畜量，安排牲畜存栏和出栏规模。

四是妥善处理民族消费习性与生物多样性保护，尤其是与野生动植物保护的矛盾，倡导环境友好的消费习惯。

五是运用现代科技手段，解决传统中医药与现代生态文明建设的矛盾。比如，野生动物的人工驯化与繁殖，野生植物的人工栽培、育种与繁殖，或者寻找替代原料。

六是消除愚昧、畸形的饮食习性。坚决打击野生动植物的违法捕杀与采集，立法禁止消费这些产品。对这些产品的消费者进行重罚和曝光，进而从源头上、根本上遏制野生动植物的消费；对高档消费品征收高额的奢侈税。

### （三）合理开发利用宗教和民族习俗资源，发挥其在生态环境保护中的积极作用

一般来讲，大多数宗教都崇尚自然保护，强调人与自然和谐，重视动植物保护，如原始宗教的图腾和自然崇拜等对某种动植物和山系的保护；基督教把人类对生物群的尊重和保护也纳入了自然法的内容，因此，动物福利在欧美国家，尤其是欧洲得到了高度体现；伊斯兰教的基本教义就在倡导人与自然的和谐一体，认为人应该合理适度地利用自然，反对穷奢极欲和浪费。中国的儒、道、教体系蕴含着深刻的生态文明内涵，如“天人合一”“道法自然”等。又如白族农历七月后定期植树、封山禁伐的习俗。政府的宣传和教育工作可以配合这些宗教文化，强化居民的环境意识。

### （四）形成绿色的消费文化

以绿色消费引导和倒逼绿色生产和促进生态建设，以绿色生产促进绿色消费。培育“绿色市场”，创建“绿色饭店”。对不符合生态文明的消费进行曝光和处罚。

## 三　教育领域的生态文明建设即建设生态教育体系

### （一）生态教育是生态文明建设的基石

生态文明建设是一项长期的系统工程，需要政府的高度关注和支持，让生态文明的理念深入人心，为人民创造良好的生产生活环境；需要全社会的广泛参与，通过生态教育提高全民生态意识，倡导人与

自然和谐相处的价值观，形成节约资源、善待环境的良好风尚。

（二）生态教育是一个系统工程

环境教育应该从幼儿园抓起，从小灌输珍惜生命、善待自然、保护环境、奉献社会的意识和理念；针对义务教育和高中教育各阶段的需求，组织相关领域专家编写生态文明建设读本，将环境保护教育纳入义务教育和基础教育体系；共产党员在生态环境保护中应该起先锋模范作用，建议在入党积极分子党校培训课程体系中增加环境保护的内容；[①] 在公务员考试中突出环境保护和可持续发展的内容；组织生态环境及其他相关领域专家编写环保科普知识系列读物，各级社科联（社科规划办）、教育、科研单位制定相应的激励政策，比如科研成果认定与激励等，鼓励这方面的专家和研究人员积极从事生态科普宣传。

（三）生态教育体系的构建，核心在于培养生态文化体系

生态文化是云南生态文明建设的文化基础。生态文明建设在生态文化的基础上，建设生态文化，包括提高人的“生态商”，增强人民的生态意识，提升人的“生态人格”，是推进生态文明建设的内生动力和思想基础。生态文化是一个地区经济社会发展“软实力”的重要体现。因此，要大力培育和发展云南民族地区的生态文化，积极构建云南生态文化体系，为云南生态文明的建设提供强大的精神动力，做到在保护、建设生态文明中人与自然的和谐，走出一条经济发展与环境保护生态“双赢”的可持续发展之路。

## 四　法制领域的生态文明建设即建设生态法制体系

（一）理顺基本体制，着力构建有利于促进生态环境保护的长效机制

一是建设法制社会，从体制上保证法制高于一切。

二是在经济上，加快市场经济体制建设，深化产权制度改革。

三是完善干部制度。健全党政问责制，重点是向党的官员（“一把手”、书记）问责；完善干部人选和任期的相对稳定，避免短期行

① 刘成玉：《论生态文明的组织构建与建设路径》，《西南民族大学学报》（人文社会科学版）2009 年第 12 期。

为；完善引咎辞职、公开道歉和渎职处罚制度；建立健全重大决策失误终身追究制度及重大错误终身退出制度。

四是加强新闻监督。在法制框架下放开新闻，确保公众的环境知情权。

（二）健全生态环境的法律法规制度体系

要继续完善环境法律法规体系，尤其重要的是保障现有法律法规制度的执行力度。在社会的法制意识淡漠、执法机构不足、精力和手段受限的情况下，当务之急是大幅度提高处罚力度，使我们的法律、法规具有足够的威慑力，从而加大违法违规成本，增强守法的自觉性，从而降低控制成本，提高控制效率。

（三）完善环境经济政策

1. 优化政策设计，提供生态文明建设动力支撑

建立健全符合生态文明要求的公共财政体系。加大政府转移支付力度，完善生态补偿制度，通过项目扶持和财力性转移支付支持生态环境保护和生态修复及补偿，逐步建立市场化的污染防治和生态建设投入机制。优化财政支出结构，重点加强公共性、公益性基础设施建设。对推广高效节能的家电、汽车、电机、照明产品给予补贴，支持云南实施节能减排财政政策综合示范。在电子信息、装备制造、生物医药、新能源等优势产业，实行固定资产加速折旧政策。完善风电、水电产业税收政策，促进清洁能源发展。

2. 逐步建立政府主导、市场推进和公众参与的投融资渠道多元化、投融资主体多元化的投融资机制

在资金投入上，积极向中央争取环保资金，加大环保招商引资力度，积极吸引社会资金投入。

在价格政策上，理顺资源产品的价格体系，资源型产品的溢价收益归中央政府；一律按市场价格，征收农民的土地。对公益性行业和产品及弱势群体实施定向补贴。

在财政政策上，建立健全公共财政制度，发挥财政的配置职能，弥补市场失灵。对于产生环境正外部性的产业或产品进行财政转移支付，形成城市与乡村、社会与民间全国统筹的生态环境补偿体系；厘

清中央和地方的事权与财权范围，明确中央和地方在公共产品提供上的职责。

加强对招商引资政策的监督与约束。分税制强化了地方利益，为了地方 GDP 和税收，不少地方把招商引资作为政府的第一要务，对资本的追逐达到了狂热的地步，只要有产值、有税收或者建安费、管理费，污染再大也无所谓。发达国家和地区的污染企业迫于环保压力不得不转移，欠发达国家和中西部地区抓住这一“机遇”引入了大量的污染企业。这样的污染企业既然在发达地区不能存在，为什么允许在欠发达地区存在？国家应该制定企业转移规范，限制污染企业转移，实现基本的环境公平。

4. 将环境保护与政府的就业工程结合

鉴于我国有大量的外汇储备和巨额的财政收入，同时又为就业无门所困扰，建议政府拿出一定的财政收入创造环境领域的就业岗位，雇用他们监督环境卫生，如对在公共场合随地吐痰、随地扔垃圾、抽烟等行为，当场制止或处罚，从而进一步缩短生态文明的建设进程。①

（四）建立健全生态环境保护的公众参与机制

环境的公共性、环境问题的公害性和环境保护的公益性决定了环境保护需要公众的参与。包括：加强环境信息公开，保障公民环境知情权；完善和普遍推行重大问题环境听证制度；在重大环境问题上，实行阳光决策，比如核电厂、垃圾焚烧场的选址等。

首先，充分发挥民间组织自主性较强的优势，使民间组织在推进生态文明建设上发挥作用。

其次，充分调动每一位公民对环保事业的参与。生态文明建设需要全民在共同参与的生活实践中，逐步告别和摆脱物质主义及商业主义的生活习惯，塑造形成绿色、环保、低碳的生活方式。

最后，构筑公众参与的制度保障。一是要提供公众参与环保事业的较为完备的法律保障；二是建立政府环境披露制度是公众参与环保

---

① 刘成玉、蔡定昆：《公共财政撬动生态文明建设》，《中国林业经济》2011 年第 1 期。

事务的前提，政府环境披露的内容，包括政府机构为履行法律规定的环境保护职责而取得、保存、利用、处理的需要为公众所知悉与环境有关的信息。要从本地出发，设置简便、规范、可操作的参与程序和规则，让公众参与环保事业成为制度化的政务环节。

## 五 科技领域的生态文明建设即建设生态科技体系

### （一）进一步加强环境科学与经济科学学科之间的综合研究

环境科学是增强人们变革自然的正效应，减少并避免其负效应，保持社会生产力最佳发展的重要智力资源。作为环境科学的重要任务之一是探索和揭示人们运用技术力量，预测人类生产活动对生态系统带来的长远影响和后果，为正确评估工程建设的经济效益和生态效益提供科学依据。而经济学是研究资源的优化配置与利用的科学。一方面，环境经济研究需要环境科学和环境工程专业研究人员的参与；另一方面，环境科学和环境工程研究要经济专家参与。

### （二）积极开展循环经济，加强城市三废的综合利用研究

进一步加强城市工业废水、废气、废渣“三废”的综合利用技术。试点和推广先进的循环经济模式，探索农作物秸秆的综合利用历史，加强农村沼气、保护性耕作，农村生活垃圾的处置等技术研究。

## 六 居民生活领域的生态文明建设即建立健全社区环保制度

一是赋予小区业主委员会、居委会等环境监督职能，推动环境监督下沉到基层，直接面向居民开展环境教育，着力引导培养居民的环境意识。

二是对城市家庭养犬征收高额环境税或者环境管理费。费率或者税率要高得让一般的低收入家庭养不起犬。这并不是歧视穷人，而是因为低收入居民的生活区域往往比较拥挤狭窄，人群集中，楼房距离很近，犬叫声、犬粪便更容易影响别人。鉴于居民对城市养犬扰民已经深恶痛绝，建议政府相关部门尽快拿出相关办法。

三是各级政府和有关的民间组织每年深入开展绿色社区、绿色学校、绿色家庭、环保先进个人的评选活动。并在全社会大张旗鼓地进行表彰。善于发现和培养环保典型，充分发挥其示范效应，促进环保理念深入人心。

### 七　跨境生态文明建设即建立健全生态环境国际合作机制

生态文明建设需要实现自然、社会经济的协调发展，是在保护自然环境、生态环境基础上实现社会的发展。从国际关系层面，由于生态环境问题的全球化、政治化和经济化，导致了生态环境问题的复杂性、长期性和艰巨性。世界各国都应精诚合作，秉承人与自然是人类命运共同体的理念。云南特殊的地理区位，需要与周边国家开展环境保护区域合作。建议在湄公河次区域合作的基础上，加强国际合作与交流，构建云南与沿岸国家跨境生态文明建设的合作机制。

# 主要参考文献

## 一　著作类


[1] 沈满洪、程华、陆根尧：《生态文明建设与区域经济协调发展战略研究》，科学出版社 2012 年版。

[2] 张可云等：《生态文明的区域经济协调发展战略》，北京大学出版社 2014 年版。

[3] 何爱国：《当代中国生态文明之路》，科学出版社 2012 年版。

[4] 朱远、吴涛：《生态文明建设与城市绿色发展》，人民出版社 2012 年版。

[5] 刘铮、刘冬梅等：《生态文明与区域发展》，中国财政经济出版社 2010 年版。

[6] 张清宇、秦玉才、田伟利：《西部地区生态文明指标体系研究》，浙江大学出版社 2011 年版。

[7] 姬振海：《生态文明论》，人民出版社 2007 年版。

[8] 沈满洪：《生态文明建设思路与出路》，中国环境科学出版社 2014 年版。

[9] 中国战略与管理研究会、东营市人民政府研究室：《生态文明发展模式研究》，山东人民出版社 2013 年版。

[10] 谢振华、冯之浚：《生态文明与生态自觉》，浙江教育出版社 2013 年版。

[11] 靳利华：《生态文明视阈下的制度路径研究》，社会科学文献出版社 2014 年版。

[12] 赵凌云、张连辉、易杏花等：《中国特色生态文明建设道路》，中国财政经济出版社 2014 年版。

[13] 郭兆晖：《生态文明体制改革初论》，新华出版社 2014 年版。
[14] 连玉明：《六度理论》，中信出版社 2015 年版。
[15] 李菲、邓玲：《贵阳生态文明制度建设》，贵州人民出版社 2013 年版。
[16] 贾卫列、杨永岗、朱明双等：《生态文明建设概论》，中央编译出版社 2013 年版。
[17] 吴凤章：《生态文明构建：理论与实践》，中央编译出版社 2008 年版。
[18] 赵建军：《如何实现美丽中国梦：生态文明开启新时代》，知识产权出版社 2013 年版。
[19] 中共中央组织部党员教育中心编写组：《美丽中国：生态文明建设五讲》，人民出版社 2013 年版。
[20] 王旭烽：《中国生态文明辞典》，中国社会科学出版社 2013 年版。
[21] 刘宗超、贾卫列：《生态文明理念与模式》，化学工业出版社 2015 年版。
[22] 张文台：《生态文明十论》，中国环境科学出版社 2012 年版。
[23] 全国干部培训教材编审指导委员会组织编写：《生态文明建设与可持续发展》，人民出版社、党建读物出版社 2011 年版。
[24] 李菲、邓玲：《贵阳自然生态系统和环境保护》，贵州人民出版社 2013 年版。
[25] 王良：《生态文明城市——兼论济南生态文明城市的时代动因与战略展望》，中共中央党校出版社 2010 年版。
[26] 邬沧萍、侯东民：《人口、资源与环境关系史》（第 2 版），中国人民大学出版社 2010 年版。
[27] 燕乃玲：《生态功能区划与生态系统管理：理论与实证》，上海社会科学出版社 2007 年版。
[28] 吕忠梅：《环境法导论》，北京大学出版社 2008 年版。
[29] 王子彦：《环境伦理的理论与实践》，人民出版社 2007 年版。
[30] ［美］尤金·哈格洛夫：《环境伦理学基础》，杨通进译，重庆

人民出版社 2007 年版。
[31] 周鸿：《走进生态文明》，云南大学出版社 2010 年版。
[32] 曹孟勤：《人性与自然：生态伦理哲学基础反思》，南京师范大学出版社 2004 年版。
[33] 黄贤金：《循环经济：产业模式与政策体系》，南京大学出版社 2004 年版。
[34] 陈远、余杨、赵玥：《携手共建生态文明》，中国环境科学出版社 2013 年版。
[35] 赵海霞：《经济发展、制度安排与环境效应》，中国环境科学出版社 2009 年版。
[36] 朱启才：《权利、制度与经济增长》，经济科学出版社 2004 年版。
[37] 周远清：《中国的绿色发展道路：节能、减排、循环经济》，山东人民出版社 2010 年版。
[38] [美] 伯特尼·史蒂文斯：《环境保护的公共政策》（第 2 版），穆贤清、方志伟译，上海人民出版社 2004 年版。
[39] 杨桂芳、李小兵、和仕勇：《少数民族地区世界遗产地的生态文明建设研究——以云南为例》，云南人民出版社 2012 年版。
[40] 陈慧琳：《人文地理学》，科学出版社 2001 年版。
[41] 毛健：《经济增长理论探索》，商务印书馆 2009 年版。
[42] 贾治邦：《生态文明建设的基石——三个系统一个多样性》，中国林业出版社 2011 年版。
[43] 邢继俊、黄栋、赵刚：《低碳经济发展报告》，电子工业出版社 2010 年版。
[44] 于秀玲：《循环经济简明读本》，中国环境科学出版社 2008 年版。
[45] 樊阳程、邬亮、陈佳、徐保军：《生态文明建设国际案例集》，中国林业出版社 2016 年版。
[46] 庄贵阳：《低碳经济：气候变化背景下中国的发展之路》，气象出版社 2007 年版。

[47] 洪富艳：《生态文明与中国生态治理模式创新》，吉林出版集团股份有限公司2015年版。
[48] 张春霞、邓晶、廖福林等：《低碳经济与生态文明》，中国林业出版社2015年版。
[49] 戴星翼、董骁：《五位一体推进生态文明建设》，上海人民出版社2013年版。
[50] 陈金清：《生态文明理论与实践研究》，人民出版社2016年版。
[51] 廖福林：《生态文明理论与实践》，中国林业出版社2001年版。
[52] 钱易、唐孝炎：《环境保护与可持续发展》，高等教育出版社2000年版。
[53] 汪星明：《技术引进：理论战略机制》，中国人民大学出版社1998年版。
[54] 余谋昌：《环境哲学：生态文明的理论基础》，中国环境科学出版社2010年版。
[55] 赵黎青：《非政府组织与可持续发展》，经济科学出版社1998年版。
[56] 卢洪友等：《外国环境公共治理：理论、制度与模式》，中国社会科学出版社2014年版。
[57] 高中华：《环境问题抉择论——生态文明时代的理性思考》，社会科学文献出版社2004年版。
[58] 吴承业：《环境保护与可持续发展》，方志出版社2004年版。
[59] 余谋昌：《自然价值论》，陕西人民教育出版社2003年版。
[60] 沈满红：《生态经济学》，中国环境科学出版社2008年版。
[61] 张岱年、方克文：《中国文化概论》，北京师范大学出版社1994年版。
[62] 贾卫列、刘宗超：《生态文明观：理念与转折》，厦门大学出版社2010年版。
[63] 刘宗超：《生态文明观与中国可持续发展走向》，中国科学技术出版社1997年版。
[64] 孙家良：《观念、决策、思路——地方经济发展的若干问题》，

浙江大学出版社 2007 年版。
[65] 熊文强、郭孝菊、洪卫:《绿色环保与清洁生产概论》,化学工业出版社 2002 年版。
[66] 钱易:《清洁生产与循环经济——概念、方法和案例》,清华大学出版社 2006 年版。

## 二 期刊类

[1] 刘思华:《对建设社会主义生态文明论的若干回忆——兼述我的"马克思主义生态文明观"》,《中国地质大学学报》(社会科学版) 2008 年第 4 期。
[2] 张云飞:《国外马克思主义生态文明理论研究》,《国外理论动态》2007 年第 12 期。
[3] 申曙光:《生态文明及其理论与现实基础》,《北京大学学报》1994 年第 3 期。
[4] 李祖扬、邢子政:《从原始文明到生态文明——关于人与自然关系的回顾和反思》,《南开学报》1999 年第 3 期。
[5] 李校利:《生态文明理论定位与发展策略简述》,《理论月刊》2008 年第 6 期。
[6] 徐春:《生态文明在人类文明中的地位》,《中国人民大学学报》2010 年第 2 期。
[7] 谢光前、王杏玲:《生态文明刍议》,《中南民族大学学报》(哲学社会科学版) 1994 年第 4 期。
[8] 蔡守秋:《以生态文明观为指导,实现环境法律的生态化》,《中州学刊》2008 年第 2 期。
[9] 张首先:《增强生态责任、促进公民生态行为的养成》,《中国社会科学院研究生院学报》2011 年第 1 期。
[10] 曹孟勤:《生态文明的四个向度》,《南京林业大学学报》(人文社会科学版) 2008 年第 2 期。
[11] 诸大建:《关于可持续发展的几个理论问题》,《自然辩证法研究》1995 年第 12 期。
[12] 蔡定昆:《转变经济发展方式是长期性战略工程》,《社会主义

论坛》2012 年第 8 期。
[13] 潘岳:《环境文化与民族复兴》,《管理世界》2004 年第 1 期。
[14] 张云飞、黄顺基:《中国传统伦理的生态文明意蕴》,《中国人民大学学报》2009 年第 5 期。
[15] 刘俊伟:《马克思主义生态文明理论初探》,《中国特色社会主义研究》1998 年第 6 期。
[16] 方世南:《社会主义生态文明是对马克思主义文明系统理论的丰富和发展》,《马克思主义研究》2008 年第 4 期。
[17] 陈学明:《寻找构建生态文明的理论依据》,《中国人民大学学报》2009 年第 5 期。
[18] 吕尚苗:《生态文明的环境伦理学视野》,《南京林业大学学报》(人文社会科学版)2008 年第 3 期。
[19] 廖福霖:《建设生态文明,永葆地球青春常驻》,《生态经济》2001 年第 8 期。
[20] 束洪福:《论生态文明建设的意义与对策》,《中国特色社会主义研究》2008 年第 4 期。
[21] 周生贤:《积极建设生态文明》,《求是》2009 年第 22 期。
[22] 容开明:《党的十六大以来生态文明的建设思想》,《江汉论坛》2011 年第 2 期。
[23] 张首先:《生态文明建设:中国共产党执政理念现代化的逻辑必然》,《重庆邮电大学学报》(社会科学版)2009 年第 4 期。
[24] 祝福恩、林德浩:《生态文明建设是中国共产党执政理念的科学化、时代化》,《黑龙江社会科学》2011 年第 1 期。
[25] 江泽慧:《全面建设小康社会与生态建设》,《绿色中国》(理论版)2004 年第 1 期。
[26] 刘玉君:《小康社会与生态文明》,《探索》2004 年第 4 期。
[27] 徐之顺:《科学发展视域下的生态文明建设》,《江海学刊》2008 年第 2 期。
[28] 杨开忠:《谁的生态最文明——中国各省区市生态文明大排名》,《中国经济周刊》2009 年第 32 期。

[29] 梁文森：《生态文明指标体系问题》，《经济学家》2009 年第 3 期。
[30] 蒋小平：《河南省生态文明评价指标体系的构建研究》，《河南农业大学学报》2008 年第 1 期。
[31] 杜宇、刘俊昌：《生态文明建设评价指标体系研究》，《科学管理研究》2009 年第 3 期。
[32] 鄢本凤、宋锡辉：《生态文明观教育内容及其实施》，《思想教育研究》2010 年第 11 期。
[33] 高珊、黄贤金：《基于绩效评价的区域生态文明指标体系构建——以江苏省为例》，《经济地理》2010 年第 5 期。
[34] 关琰珠、郑建华、庄世坚：《生态文明指标体系研究》，《中国发展》2007 年第 2 期。
[35] 宋林飞：《生态文明理论与实践》，《南京社会科学》2007 年第 12 期。
[36] 佚名：《贵阳创立首部"生态文明城市指标体系"》，《领导决策信息》2008 年第 11 期。
[37] 卓越、赵蕾：《加强公民生态文明意识建设的思考》，《马克思主义与现实》2007 年第 3 期。
[38] 朱玉林、李明杰、刘旖：《基于灰色关联度的城市生态文明程度综合评价——以长株潭城市群为例》，《中南林业科技大学学报》（社会科学版）2010 年第 5 期。
[39] 戈蕾：《生态文明城市建设规划及其指标体系研究——以长沙市为例》，硕士学位论文，湖南农业大学，2010 年。
[40] 王纪红：《基于 AarGIS 西安生态文明建设评价及对策研究》，硕士学位论文，陕西师范大学，2010 年。
[41] 乔丽、白中科：《矿区生态文明评价指标体系研究》，《金属矿山》2009 年第 11 期。
[42] 李春海、牟从华、彭牧青：《生态文明城市建设的玉溪实践》，《环境保护》2010 年第 1 期。
[43] 郭声琨：《加快推进生态文明示范区建设》，《求是》2010 年第

4 期。
[44] 余建辉:《福建省生态文明建设的驱动机制探讨》,《福建论坛》(人文社会科学版)2010 年第 2 期。
[45] 杨冕:《基于生态文明视角的鄂尔多斯模式反思》,《干旱区资源与环境》2011 年第 7 期。
[46] 郑冬梅:《海洋生态文明建设——厦门的调查与思考》,《中共福建省委党校学报》2008 年第 11 期。
[47] 杨朝兴:《科学发展观引领下的河南林业生态省建设》,《林业经济》2009 年第 8 期。
[48] 廖福霖:《生态文明建设与构建和谐社会》,《福建师范大学学报》(哲学社会科学版)2006 年第 2 期。
[49] 孟福来:《生态文明的提出、问题及对策思考》,《西北大学学报》(哲学社会科学版)2005 年第 3 期。
[50] 何福平:《我国建设生态文明的理论依据与路径选择》,《中共福建省委党校学报》2010 年第 1 期。
[51] 刘成玉:《论生态文明的组织构架与建设路径》,《西南民族大学学报》(人文社会科学版)2009 年第 12 期。
[52] 王玉庆:《生态文明——人与自然和谐之道》,《北京大学学报》(哲学社会科学版)2010 年第 1 期。
[53] 张瑞、秦书生:《我国生态文明的制度建构探析》,《自然辩证法研究》2010 年第 8 期。
[54] 张维庆:《关于建设生态文明的思考》,《人口研究》2009 年第 5 期。
[55] 陈学明:《在建设生态文明中如何走出两难境地》,《北京大学学报》(哲学社会科学版)2010 年第 1 期。
[56] 周训芳、吴晓芙:《生态文明视野下环境管理的实质内涵》,《中国地质大学学报》(社会科学版)2011 年第 3 期。
[57] 李春秋、王彩霞:《论生态文明建设的理论基础》,《南京林业大学学报》(人文社会科学版)2008 年第 3 期。
[58] 蔺雪春:《中国生态文明建设的路径选择:从可持续发展到生

态现代化》,《社会科学家》2009 年第 1 期。
[59] 郭辉军:《云南省森林生态系统服务功能价值评估情况通报》,《云南林业》2012 年第 4 期。
[60] 刘成玉、蔡定昆:《公共财政撬动生态文明:切入点与配套政策》,《中国林业经济》2011 年第 1 期。
[61] 刘成玉、蔡定昆:《统筹视角下的城乡环境差距及矫正》,《西南民族大学学报》(人文社会科学版)2011 年第 7 期。
[62] 单宝:《解读低碳经济》,《内蒙古社会科学》(汉文版)2009 年第 6 期。
[63] 冯之俊、周荣:《低碳经济:中国实现绿色发展的根本途径》,《中国人口·资源与环境》2010 年第 4 期。
[64] 付允、汪云林、李丁:《低碳城市的发展路径研究》,《科学对社会的影响》2008 年第 2 期。
[65] 付允、马永欢、刘怡君、牛文元:《低碳经济的发展模式研究》,《中国人口·资源与环境》2008 年第 3 期。
[66] 甘泉:《论生态文明理念与国家发展战略》,《中华文化论坛》2000 年第 3 期。
[67] 胡雪萍、周润:《国外发展低碳经济的经验及对我国的启示》,《中南财经政法大学学报》2011 年第 1 期。
[68] 将钦:《中国节能减排理论研究综述》,《社科纵横》2010 年第 10 期。
[69] 牛桂敏:《生态文明建设中的企业技术创新生态化》,《经济界》2006 年第 5 期。
[70] 申曙光:《生态文明理论与现实基础》,《北京大学学报》(哲学社会科学版)1994 年第 3 期。
[71] 石敏俊、周晟吕:《低碳技术发展对中国实现减排目标的作用》,《管理评论》2010 年第 6 期。
[72] 杨志、马玉荣、王梦友:《中国“低碳银行”发展探索》,《广东社会科学》2011 年第 1 期。
[73] 易培强:《低碳发展与消费模式转变》,《武陵学刊》2011 年第

1 期。
[74] 于恒奎:《低碳经济——生态经济建设的路径选择》,《生态经济》2011 年第 1 期。
[75] 王朝全:《论生态文明、循环经济与和谐社会的内在逻辑》,《软科学》2009 年第 8 期。
[76] 王健:《论生态文明建设的技术创新路径》,《理论前沿》2007 年第 24 期。
[77] 王璟珉:《环境资源约束下的可持续消费》,《山东大学学报》2007 年第 2 期。
[78] 王伟、孙立敏:《我国节能减排问题与对策探讨》,《管理观察》2011 年第 2 期。
[79] 苏振锋:《科学发展低碳经济需处理好四大关系》,《中国经济导报》2011 年 6 月 28 日。
[80] 徐春:《对生态文明概念的理论阐释》,《北京大学学报》(哲学社会科学版)2010 年第 1 期。
[81] 邓晶、廖福林:《生态文明体制政策的重大创新》,《林业经济》2014 年第 1 期。
[82] 赵惊涛:《低碳经济与企业社会环境责任》,《吉林大学社会科学学报》2010 年第 1 期。
[83] 杨玉坡:《全球气候变化与森林碳汇作用》,《四川林业科技》2010 年第 1 期。
[84] 杨柳、杨帆:《略论中国生态文明建设的大战略》,《探索》2010 年第 5 期。
[85] 俞可平:《科学发展观与生态文明》,《马克思主义与现实》2005 年第 4 期。
[86] 袁男优:《低碳经济的概念内涵》,《城市环境与城市生态》2010 年第 2 期。
[87] 张超武、邓晓峰:《低碳经济时代企业的社会责任》,《科学技术学院学报》2011 年第 3 期。
[88] 张树安:《科学发展观与民族地区人口可持续发展——以云南为

例》，《经济问题探索》2006 年第 9 期。
[89] 杨海霞：《应对气候变化发展低碳经济》，《中国投资》2010 年第 2 期。
[90] 沈贵平：《从国外经验谈我国小城镇生态环境保护和建设》，《中国西部科技》2009 年第 8 期。
[91] 曾珠、周一：《主要发达国家发展低碳经济的经验》，《商业研究》2010 年第 12 期。
[92] 孙亚忠、张杰华：《20 世纪 90 年代以来我国生态文明理论研究述评》，《贵州社会科学》2008 年第 4 期。
[93] 赵芳：《生态文明建设评价指标体系构建与实证研究》，硕士学位论文，中国林业科学院，2010 年。
[94] 李云：《山区—林木生物质能》，《徽州社会科学》2008 年第 3 期。
[95] 张首先：《生态文明：内涵、结构及基本特征》，《山西师范大学学报》（社会科学版）2010 年第 1 期。
[96] 李校利：《科学发展观视角下的生态文明建设研究》，《青岛科技大学学报》（社会科学版）2008 年第 1 期。
[97] 马凯：《大力推进生态文明建设》，《国家行政学院学报》2013 年第 2 期。
[98] 陈剑锋：《建设生态文明实现人与自然和谐发展》，《中共山西省委党校学报》2008 年第 1 期。
[99] 胡婷莛：《中国环保非政府（ENGO）组织发展初探》，《环境科学与管理》2009 年第 9 期。
[100] 朱庆华、王旭东：《清洁发展机制：利用外资的新模式》，《烟台大学学报》（哲学社会科学版）2003 年第 4 期。
[101] 郭中伟、甘雅玲：《关于生态系统服务功能的几个科学问题》，《生物多样性》2003 年第 1 期。
[102] 江年：《美国一些大公司主动设法减少温室气体排放》，《中国环境科学》2005 年第 4 期。
[103] 谈尧：《中国实行碳税政策的利弊分析》，《财政监督》2009

年第 23 期。
[104] 朱源：《环境政策频评价的国际经验与借鉴》，《生态经济》2015 年第 4 期。
[105] 卧龙：《全球暗化、暖化与京都议定书（二）》，《股市动态分析》2006 年第 18 期。
[106] 张荐华、马子红：《云南生态环境保护存在的问题与对策》，《经济问题探索》2005 年第 11 期。
[107] 詹花秀：《低碳经济的理论与实践》，《湖南行政学院学报》2011 年第 1 期。
[108] 田梅：《大学生生态文明意识构建》，《贵州师范学院学报》2011 年第 1 期。
[109] 曹和平、毛振宇：《碳金融推动下的技术对经济的影响》，《中国科技奖励》2010 年第 7 期。
[110] 李干杰：《“生态保护红线”——确保国家生态安全的生命线》，《求是》2014 年第 2 期。
[111] 黄维民：《“文明”一词在国内外辞书中的含义》，《西北大学学报》1990 年第 4 期。

# 后　　记

中国是世界上最大的发展中国家，自新中国成立到改革开放前的近30年里，虽然中国社会主义建设事业取得了长足进步，社会经济发展成效显著，但总体而言，依然处于不发达阶段。因此，在改革开放之初，中央确立的一个中心就是“以经济建设为中心”，目的在于通过经济建设，迅速改变中国的落后状态。为了推动经济持续高速增长，依赖增加投资和物质投入的粗放型经济增长方式便成为当时特定历史时期的特定选择，这种增长方式在推动中国经济保持了30多年高速增长的同时，也导致了资源和能源的大量消耗和浪费，使中国的生态环境面临着非常严峻的挑战。有鉴于此，中国开始探索人与自然和谐共存、经济发展与环境保护协同推进的新的发展理念。2007年，党的十七大报告首次提出了“生态文明”的概念。2011年3月发布的《国民经济和社会发展第十二个五年规划纲要》将“绿色发展、建设资源节约型、环境友好型社会”独立成篇，强调加快构建资源节约、环境友好的生产方式和消费模式，增强可持续发展能力，提高生态文明水平。2012年，党的十八大报告进一步将生态文明建设与经济建设、政治建设、文化建设、社会建设并列，共同构成了中国特色社会主义事业“五位一体”的总体布局。为了扎扎实实地推进生态文明建设，中共中央、国务院随后又做出了一系列重大部署。2015年4月25日，中共中央、国务院印发了《关于加快推进生态文明建设的意见》，这是中央全面专题部署生态文明建设的第一个文件，生态文明建设的政治高度进一步凸显；2015年9月21日，中共中央、国务院印发了《生态文明体制改革总体方案》，并提出，要加快建立系统完整的生态文明制度体系，为我国生态文明领域的改革做出了顶层设计。2016年12月，中共中央总书记、国家主席、中央军委主席习近平对生态文明建设进一步做出重要指示，强调生态文明建设是“五位一体”总体布局和“四个全面”战略布局的重要内容，各地区、各部门要树立“绿水青山就是金山银山”的强烈意识，努力走向社会主义生态文明新时代。

云南地处中国西南边陲，土地总面积39.4万平方千米，山地、高原、丘陵占国土总面积的94%。云南拥有良好的生态环境和自然资源禀赋，作为中国西南生态安全屏障和生物多样性基因库，承担着维护区域、国家乃至国际生态安全的战略任务。同时，由于云南山地、高原面积大，又是中国生态环境比较脆弱敏感的地区，保护生态环境和自然资源的责任更为重大。为深入贯彻落实党的十八大精神，2013年，云南省委、省政府发布了《关于争当全国生态文明建设排头兵的决定》；2014年，云南被列入全国生态文明先行示范区；2015年1月，中共中央总书记、国家主席、中央军委主席习近平在云南考察时强调，要把生态环境保护放在更加突出的位置，云南要主动服务和融入国家发展战略，闯出一条跨越式发展的路子来，努力成为我国民族团结进步示范区、生态文明建设“排头兵”和面向南亚东南亚辐射中心，谱写好中国梦的云南篇章。“生态文明建设排头兵”成为习近平总书记赋予新时期云南社会经济发展的“三大定位”之一。

在云南省发展和改革委员会工作期间，我分管包括资源环境处、云南省生态文明建设“排头兵”工作领导小组综合协调办公室在内的十余个处室。承担完成了“‘十三五’时期云南生态文明建设及制度研究”“云南省‘十三五’节能潜力分析与目标任务研究”“云南省城镇污水处理及再生利用设施建设‘十三五’规划研究”“云南省‘十三五’节能减排循环发展规划研究”“云南省城镇生活垃圾无害化处理设施建设‘十三五’规划研究”等研究课题，本书即是我承担完成的上述课题的系列研究成果之一。在相关课题研究及本书的成书过程中，云南省发展和改革委员会的郑成安、夏尧，云南师范大学的蔡定昆博士参与了相关部分的分析研究、资料收集、数据处理、图表制作、文字校对等工作；书中所涉及案例的云南省相关部委厅办局、相关市州、相关企业无私地提供了相关数据资料；中国社会科学出版社卢小生主任给予了大力支持与帮助；在此一并表示感谢！

值此本书出版之际，谨向文中所列参考文献的作者以及因各种原因未查询到确切著者而难以标注的相关作者表示衷心的感谢！向曾给予我帮助和支持的单位及个人致以最诚挚的谢意！

作　者

2017 年 1 月于昆明